식물 바이오테크놀로지

전파과학사는 독자 여러분의 책에 관한 아이디어와 원고 투고를 기다리고 있습니다. 디아스포라는 전파과학사의 임프린트로 종교(기독교), 경제·경영서, 일반 문학 등 다양한 장르의 국내 저자와 해외 번역서를 준비하고 있습니다. 출간을 고민하고 계신 분들은 이메일 chonpa2@hanmail.net로 간단한 개요와 취지, 연락처 등을 적어 보내주세요.

식물 바이오테크놀로지

파란 장미도 꿈만은 아니다

초판 1쇄 1991년 09월 15일
초판 3쇄 2001년 11월 25일
개정 1쇄 2024년 06월 11일

지 은 이 스즈키 마사히코
옮 긴 이 안용근·이종수
발 행 인 손동민
디 자 인 이지혜

펴낸 곳 전파과학사
출판등록 1956. 7. 23. 제 10-89호
주 소 서울시 서대문구 증가로18, 204호
전 화 02-333-8877(8855)
팩 스 02-334-8092
이 메 일 chonpa2@hanmail.net
공식 블로그 http://blog.naver.com/siencia

ISBN 978-89-7044-533-5 (03520)

식물 바이오테크놀로지

파란 장미도 꿈만은 아니다

스즈키 마사히코 지음 | 안용근·이종수 옮김

전파과학사

머리말

"파란 장미를 만들었다던가 또는 바로 만들어진다든가 하는 얘기를 들었습니다만……"

자주 이런 질문을 받는다. 파란 장미나 파란 국화꽃은 아직 만들지 못했지만, 자연계에 존재하지 않는 그런 식물을 만들어 내는 비밀은 바로 유전자 공학을 중심으로 하는 바이오테크놀로지(biotechnology, 생물공학)가 쥐고 있다.

식물 바이오테크놀로지는 유전자를 식물에 운반해 넣는 Ti 플라스미드라는 벡터(운반책을 말함, 제5장에서 자세히 설명)가 중요한 역할을 한다. 얼마 전 Ti 플라스미드의 발견자 반 몬터규(Marc Van Montagu) 박사를 만났다. 그는 구미뿐 아니라 동남아시아와 중남미 제국에도 빈번하게 드나들고 있다. 대부분 그가 지도하는 벤처 회사의 일 때문이다.

그가 바쁘게 움직이고 있는 모습을 보고 있노라면, 겨우 십여 년 전 Ti 플라스미드의 발견을 계기로 시작된 식물의 바이오테크놀로지가 바야흐로 대학은 물론 산업계까지 파급되어 온 것이 피부로 와닿는다.

시중에서는 이미 제초제에 대한 내성을 가지거나, 바이러스에 걸리지 않거나, 해충에 먹히지 않는 등 여러 새로운 식물이 개발되어 상용화되었다.

몬터규와 같이 대학에서 연구하고 있던 사람들이 설립한 벤처 회사는 매우 많다. 그 외에도 몬산토(Monsanto), 치바가이기(Ciba Geigy), 듀폰

(Dupont) 등 이름 높은 세계적 대기업들에서 식물 바이오테크놀로지를 왕성히 연구하고 있다. 기업들은 맹렬한 기세로 기초 연구를 응용하고 있으며 격렬히 그 범위를 넓히는 중이다. 그중에서도 일본을 중심으로 개발된 프로토플래스트는 그 후 세포융합이나 형질 전환의 갈래로 발전되었으며 유전자조작과 함께 식물 바이오테크놀로지의 큰 주축이 되어 왔다.

필자는 프로토플라스트계의 확립과 응용의 요람기였던 당시부터 마침 함께 프로토플라스트를 연구해 왔다. 그로부터 프로토플라스트를 중심으로 한 세포공학과 유전자 공학에 다소나마 연관을 맺어 온 한 사람으로서 이들 기술의 진보를 소개하고자 펜을 들었다. 본서의 주안점은 제4장, 5장의 기술적 발전과 6장의 응용에 있다. 제2장과 3장은 기초 지식으로써 읽어 주기 바란다. 특히 6장에서는 십여 년 전만 해도 꿈에 불과했던 것들이 이미 현실로 실현된 것을 발견할 수 있을 것이다. 본서의 제목에 붙어 있는 '마법'의 의미는 옛사람이 현재를 보면 마치 마법과 같지 않을지 하는 의미에서 붙였다.

본서를 집필하는 데는 여러 사람의 도움이 있었다. 특히 농수산성 농업생물자원연구소의 사카이(酒井富久美) 씨, 같은 연구소 농업연구소센터의 오즈키(大槻義昭) 씨, 미쓰비시 화성 종합연구소의 모리모도(森本裕記) 씨, 가네보화장품의 나카지마(中島一惠) 씨, 그리고 많은 조언과 격려를 아끼지 않으신 고단사(講談社) 과학도서 출판부장 스에타게(末武親一郎) 씨에게 심심한 사의(謝意)를 표한다.

1990년 한여름

스즈키 마사히코

차례

5장 벡터라는 배달부

6장 꽃피는 바이오식물

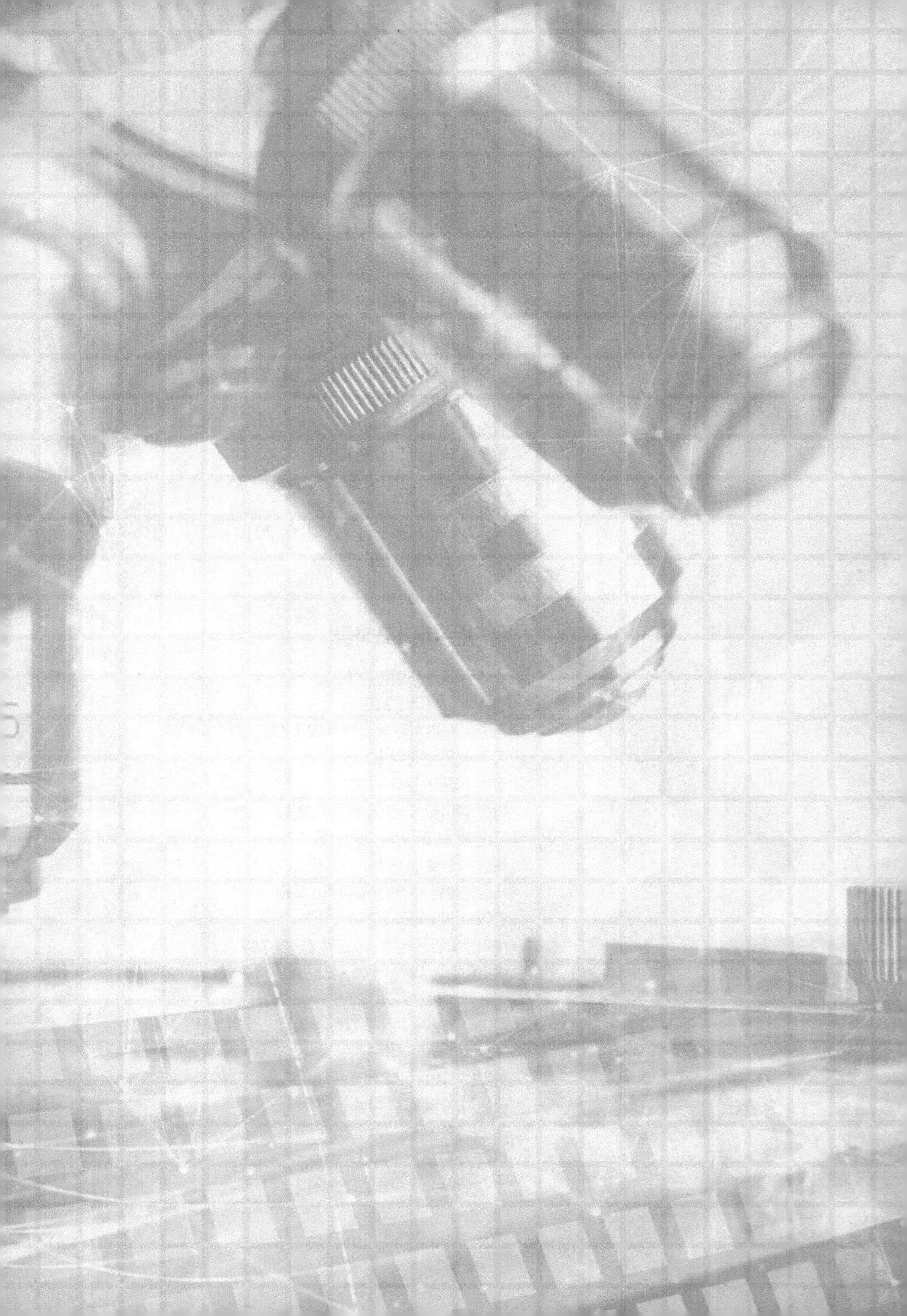

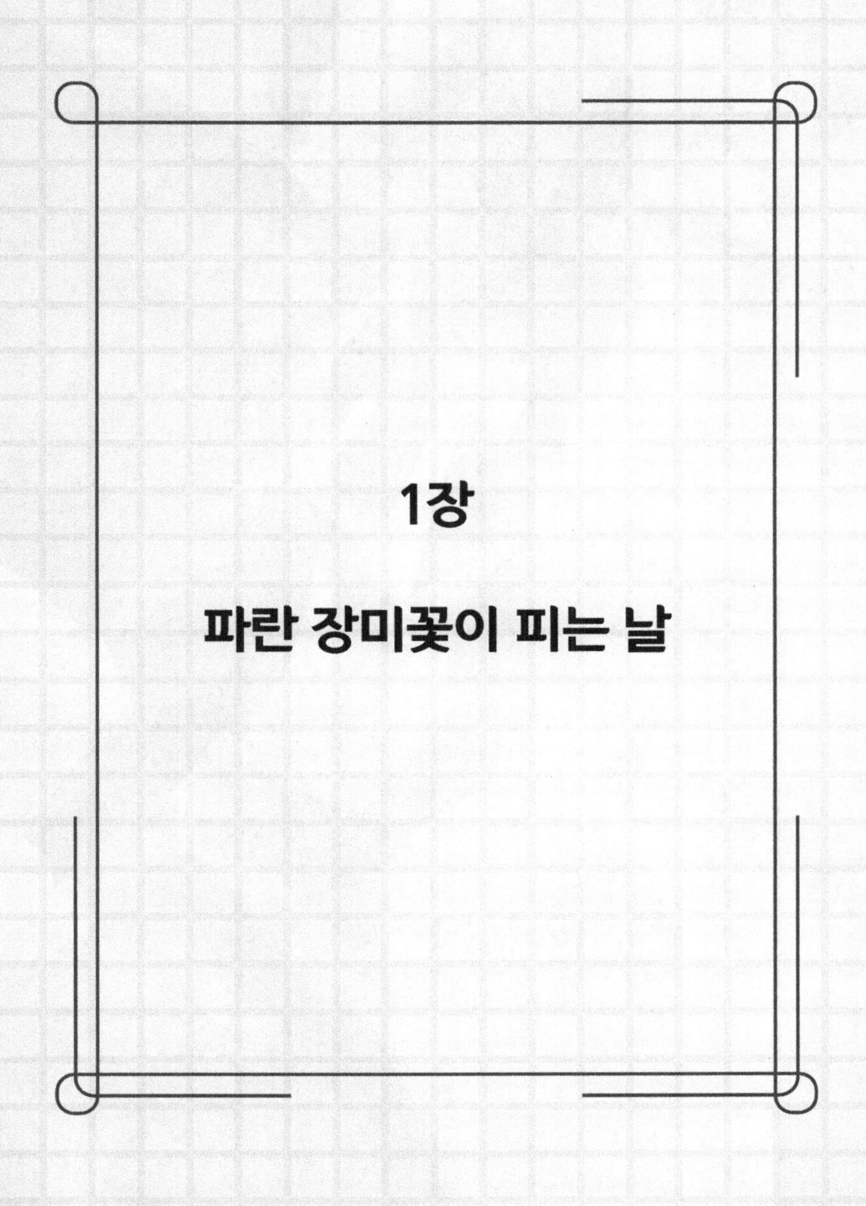

1장

파란 장미꽃이 피는 날

바로 얼마 전까지는 자연에 맡겼다

진열장에 진열된 맛있어 보이는 케이크는 본래 밭의 밀이고, 슈퍼마켓에 있는 레토르트 식품의 원형 또한 농작물, 가축, 어류이다. 생물의 역사는 서로 식이(食餌) 작용하는 먹이 연쇄의 반복이다. 마찬가지로 인간도 유사 이전부터 자연계의 동식물에 의존하며 살아왔다.

이는 음식이 풍부한 현대에도 예외는 아니다. 17세기의 기록에 의하면 네덜란드의 이탄 연못에서 철기시대 인류의 유체가 매우 잘 보존된 상태로 발견되었다. 그의 위 속에서는 당시 식량원이었던 식물의 종자가 발견되었다. 종자의 가짓수는 매우 다양해 무려 65종이나 되었다고 기록되어 있다(藤巻宏, 鵜飼保雄 「세계를 변화시킨 작물」 培風館).

그러나 흥미로운 점은 그중에서 오늘날 식용으로 사용되는 식물의 종자가 하나도 없었다는 점이다. 이는 그 당시 인류의 선조가 산을 얼마나 떠돌아다니며 잡초 채집 생활을 했는지 알 수 있는 자료다.

이윽고 농경이 시작되었다. 인류가 최초로 재배한 식물은 현재 세계의 3대 작물이라 불리는 밀, 벼, 옥수수의 선조였다. 밀은 성서에도 기록되어 있는데, 요르단강 유역의 서남아시아가 기원이다. 밀은 한랭 건조한 기후를 좋아하므로 주로 지중해 연안에서 재배되었다. 한편, 벼는 라오스, 중국 운남성(雲南省) 지방의 아열대를 기원으로 온난 다습한 기후를 가진 아시아에서 재배되었다.

제3의 곡물 옥수수는 콜럼버스가 1492년 아메리카대륙을 발견하기

그림 1-1 | 세계 3대 작물인 밀, 벼, 옥수수의 발생지

이전의 원주민이었던 아메리칸 인디언이 주식으로 삼아 재배했다. 대륙 발견 당시 행해진 약탈로 인해 아메리칸 인디언의 문명에 관한 많은 역사적 자료가 소실되었다. 그래서 옥수수도 얼마나 오래전부터 재배되었는지는 잘 알 수 없다(그림 1-1).

신대륙의 발견을 계기로 신세계에서 구세계로 작물이 유입되기 시작했다. 유럽에 유입된 주요 작물로는 옥수수 외에 감자, 고구마, 토마토, 강낭콩, 호박, 카사바 등이 있다. 카카오, 고추, 땅콩, 담배 등의 기호 작물 또한 이 시기에 들어왔다.

토마토는 처음엔 관상용으로 유럽에 도입되었지만, 그 후에는 식용으로 차용됐다. 일본에도 에도(江戶) 시대에 토마토가 '빨간 가지'라는 이름으로 들어왔으나 일반인에게 보급되진 못했다. 그러나 메이지(明

治) 시대에 다시 도입되었다.

토마토뿐 아니라 재배 작물들은 저마다 독자적인 긴 역사가 있다. 예전에 쓰인 품종개량 방식은 우량한 형질을 갖는 근연(近緣) 식물을 같은 밭에 뿌려서 자연 교잡시켜 종자를 얻어 내고, 다시 그 종자를 뿌려 더 좋은 형질을 가진 것을 택하는 방식으로 이뤄졌다.

이처럼 예전에는 식물의 품질 개량은 한결같이 자연의 위대한 힘에 의지할 수밖에 없었다. 인간이 자연을 대신하여 의도적으로 새로운 작물을 만들어 내기 시작한 것은 고작 200년 전의 일이다.

멘델의 위대함

'미꾸라지 새끼는 미꾸라지', '참외 덩굴에 가지는 안 달린다'라는 속담에서 알 수 있듯이 양친과 자식 간의 상관성은 사람들이 예로부터 경험적으로 체득하고 있는 사실이다. 그러나 이처럼 친자와 근친 간의 집단에서 뚜렷한 법칙성이 나타난다는 것을 처음으로 발견하고 체계화한 것은 19세기의 천재 과학자 멘델(G. J. Mendel)이다.

멘델이 등장하기 전부터 사람들은 인위적 육종 교배를 통해 새로운 품종을 만들고 있었다. 그러나 '유전', '유전자'라는 개념을 처음 정립한 사람은 바로 멘델이었다.

1888년 멘델은 우리에게 잘 알려진 완두 교배 실험을 통해 양친과

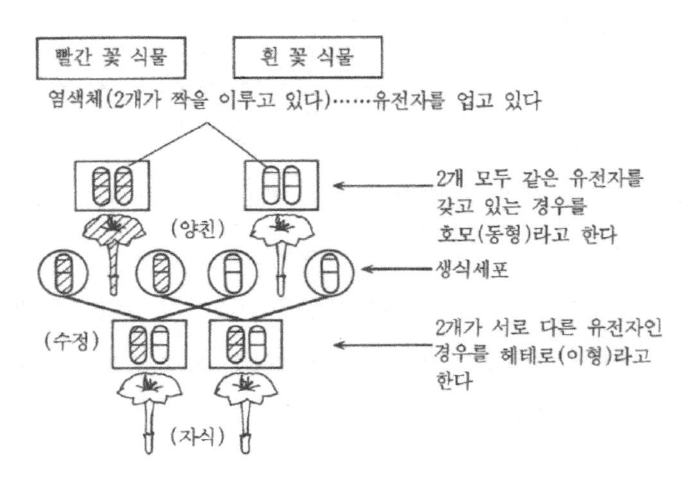

그림 1-2 | 멘델이 발견한 유전 양식. 꽃의 색 유전자는 빨간 것과 하얀 것이 짝을 이루며, 하얀 것이 우성, 빨간 것이 열성이다. 그러므로 헤테로 유전자가 짝을 이루면 꽃의 색깔은 하얗게 된다.

자식의 세포 중에 유전 정보를 갖는 '유전 요소'가 존재한다는 것을 발견했다. 이 중대한 발견은 당시 농업에 실용할 수 있다는 면에서 큰 충격을 주었으며 이후 분자생물학 발전의 토대가 되었다.

사람들은 멘델이 구축한 유전 개념을 활용해 합리적이고 계획적인 방식으로 자신이 바라는 형질의 작물을 만들 수 있게 되었다. 이로부터 근대적 육종법이 탄생했다. 그러나 멘델의 법칙은 드 브리스(De Vries) 등 세 명의 식물학자가 재조명하기까지 50년 가까이 빛을 보지 못해 근대 육종학은 실제로는 20세기 이후에 시작되었다.

근대 육종법을 활용해 농업에 가장 성공적으로 접목한 예시는 잡종 강세(heterosis) 육종법이다. 잡종 강세 육종법으로 키워낸 1대 잡종은 수확량이 대폭 늘어났다. 예로서 옥수수 같은 타식성(他殖性, 다른 꽃의 화분으로 수분 되는)식물은 가능한 한 먼 품종을 교배시키면 생육이 왕성해지고 종자의 수량도 대폭 증가한다. 이것이 잡종 강세 육종법이다.

개와 고양이도 순종보다 잡종이 대체로 번식이 왕성하고 생명력이 강하다. 반대로 근친 간의 결합은 자손 형질에 유전적 장해를 유발하기도 한다.

고등생물의 경우, 하나의 형질을 나타내는 유전자는 두 개가 한 쌍(이를 대위 유전자라 한다)을 이루고 있다. 근친 간의 결합에서는 유전자 구성이 서로 비슷하므로 열성 유전자들끼리 짝이 되면 열성 형질이 발현되는 경우가 많다.

또, 우성이든 열성이든 같은 유전자가 짝이 되는 경우를 호모(homo; 동형)라 하며, 우성과 열성의 서로 다른 유전자가 짝이 되는 경우를 헤테로(hetero; 이형)라 한다(그림1-2).

'근교약세'는 다윈도 알고 있었다

예로부터 이어져 온 유럽의 명문가에서는 근친 간의 결혼이 많아서 오스트리아의 합스부르크(Habsburg)가와 같이 혈우병 등 열성 유전자 호모의 병이 생기는 예도 있었다. 이처럼 근친교배는 자손에게 약세화

'근교약세'는 다윈도 알고 있었다

를 일으키며 반대로 잡종 교배는 강세를 일으킨다. 이는 1876년 다윈(C. R. Darwin)의 기록에도 남아 있다.

다윈은 여러 종류의 식물을 자가수분한 다음 열린 씨를 따서 자손을 조사하는 방법으로 실험을 진행했다. 그 결과, 번식을 거듭할수록 양친보다 생존에 취약한 자손 식물이 많아졌다. 이 경향은 일반적으로 자가수분하는 타식성식물에서 나타나며, 여러 대에 걸쳐 자가수분을 반복할수록 약세화가 뚜렷해진다. 이를 잡종 강세의 반대형인 근교(近交) 약세화라고 한다.

잡종은 강하다!

잡종 강세는 생물 전반에 나타나는 보편적 현상이다. 20세기에 이르러 이를 이용한 육종법이 활용되었다. 그중 가장 유명한 예는 미국을 대표하는 옥수수이다.

1909년 미국의 셜(Shull)과 이스트(East) 등이 옥수수에서 잡종 강세 육성법의 효과를 인정하고 정립해 시초를 열었다. 그리고 미국의 존즈(Johns)는 복교잡(複交雜)이라는 방법으로 이를 발전시켰다.

수술의 화분을 같은 꽃의 암술머리에 발라서 수분시키는 것을 자가수분(또는 제꽃가루받이)이라 하며 이를 되풀이하면 많은 대립 유전자가 같아져 진 계통(homo, 自殖系統)이 얻어진다. 유전자의 짝이 모두 같은

그림 1-3 | 옥수수에서 볼 수 있는 잡종 강세(헤테로시스). 왼쪽이 모친, 오른쪽이 부친이고 중앙이 F_1 하이브리드이다. 양친보다 열매도 크고 수도 많은 것을 알 수 있다(長野中信農試, 西牧淸 제공).

그룹을 순계라 하며, 자식 계통은 순계에 가까워진 식물이라 할 수 있다. 복교잡이란 다른 자식 계통을 교배하여 얻어지는 일대 잡종끼리 다시 교잡시키는 방법이다.

자식 계통의 식물은 약세화가 커져서 그대로 죽어 없어지는 일도 많고 종자의 수량도 적다. 이처럼 일반 농지에서 일대 잡종을 대규모로 만들 수 있을 만큼의 종자를 얻어 내기 쉽지 않으므로 자식에 의한 육종은 단점이 크다. 복교잡은 이를 해결하기 위해 다른 일대 잡종끼리 다시 교배시켜서 종자의 수량을 증가시키는 방법이다.

이 복교잡 덕분에 하이브리드 콘(hybrid corn, 일대 잡종의 옥수수)은 옥수수 재배 농가에도 보급되며 미국 전역에 퍼졌다.

그림 1-4 | 유채의 웅성불임의 꽃(왼쪽). 정상적인 꽃(오른쪽)에 비하여 수술이 없는 것을 알 수 있다(植工研, 酒井陸子 제공).

여기 주목할 만한 수치가 있다. 일대 잡종이 아직 이용되지 않던 1904년 이전에 비해 일대 잡종이 이용되어 농경법이 개선된 1970년에는 1에이커에서 확보할 수 있는 수확량이 5배나 늘어났다(그림 1-3).

일대 잡종 육종법이 확립된 후 각종 잡종 육종법이 개발되었으며 이는 오늘날 미국에서 사용되는 혁신적 농업기술의 중요한 근간이 되었다. 이처럼 아메리칸 인디언이 자급적 목적으로 소소히 재배하던 옥수수는 미국의 중요 수출 작물로 거듭날 수 있었다.

잡종 강세를 이용하는 방법 중, 유전적으로 화분을 만들지 않는 웅성불임(雄性不稔)이라는 현상을 이용한 방법이 있다. 일대 잡종을 이용하는 농업은 같은 주(株)끼리 교잡되지 않도록 모주(母株)의 수술을 제거해야 하나 이를 일일이 손으로 한다면 미국의 옥수수 지대와 같은 대규모 농장에서는 막대한 인력과 경비가 소요된다.

1950년대에 이르러 이를 생략할 수 있는 육종 기술이 생겼다. 그것이 바로 웅성불임주를 이용하는 방법이다. 웅성불임주란 암술의 난세포는 정상적인 수정 능력을 갖추고 있지만 화분(웅성 생식 세포)은 수정 능력이 없는 식물을 이용하는 육종 기술이다. 이 주를 모주로 사용하면 수술을 하나하나 제거할 필요가 없고, 화분을 제공하는 어버이주와 혼식해 수분을 끝낸다(그림 1-4).

웅성불임주를 사용하는 방법은 기계화가 발달한 미국 옥수수 생산 농가의 수요와 맞물려 빠르게 보급되었다.

그러나 예측하지 못했던 사태가 일어났다. 멕시칸 진(Mexican gene)이라는 웅성불임주가 너무 많이 사용되었기 때문이었다. 멕시칸 진은 텍사스형(T형)이라는 세포질을 가지고 있다. 텍사스형 세포질을 가진 주는 참깻잎마름병에 특히 피해를 보는데, 그 병이 1970년 크게 발생했다(그림 1-5).

옥수수 농가의 피해는 막대했다. 열매도 달리지 않은 마른 옥수숫대가 빼곡히 옥수수 지대를 뒤덮었으며 이는 사회적 문제로까지 대두되었다. 현재도 미국 전역에서 생산되는 옥수수 품종은 겨우 6종이다. 이 사건은 한 품종에만 의존하는 것이 얼마나 위험한지 잘 나타낸 예이다. 이를 계기로, 일대 잡종은 다시 기계 이용과 수작업을 혼용해 수분하는 방식으로 돌아갔다.

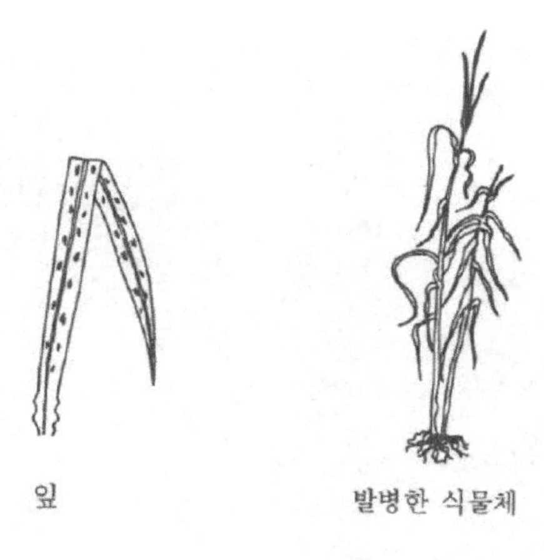

그림 1-5 | 옥수수의 참깻잎마름병

한편, 벼나 밀 같은 자식성식물은 옥수수와 같은 타식성식물과는 달리 잡종 강세를 이용한 일대 잡종의 육종이 어렵다. 옥수수는 수술과 암술이 확실히 나누어져 있는 구조로 이루어져 있는 데 반해 자식성식물은 하나의 꽃 속에 수술과 암술이 공존하고 있기 때문이다. 웅성불임주가 없을 때는 꽃 속의 수술을 하나하나 떼서 수분해야 하는데, 매우 난이도 있고 세밀한 작업을 요한다. 이에 따라 옥수수에서 성공한 일대 잡종은 벼와 밀에는 도입되지 못했다(그림 1-6).

그러나 최근 중국에서 큰 노력을 들여 벼의 일대 잡종(hybrid rice)을 탄생시켰다. 중국의 V20이라는 계통과 필리핀의 국제답작연구소(IRRI)의 품종 사이에서 위우(威優) 6호 등의 일대 잡종을 만들어낸 것이다.

이 하이브리드 라이스가 미국의 링어라운드(Ring Around)사를 통해

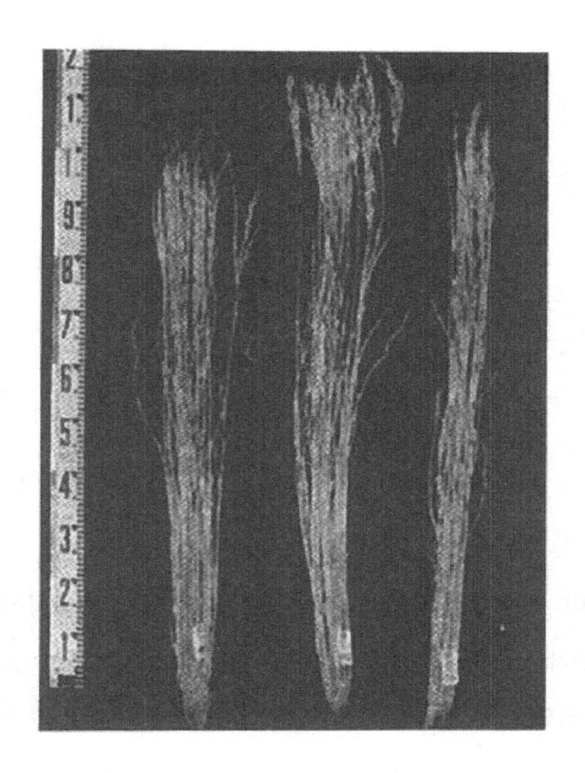

그림 1-6 | 일본에서 육종한 잡종벼(중앙). 왼쪽은 모친, 오른쪽은 부친, 중앙의 잡종(Hybrid)은 양친과 비교하면 수량이 많은 것을 알 수 있다(北睦農試. 古賀義昭 제공).

일본에 소개되어 '서양 기선 다시 옴'이라며 매스컴에 올랐던 일은 기억이 새롭다.

멘델은 내성적인 성격이었고 선전도 부진했기 때문에 학회에서 인정받지 못한 채 세상을 떠났다. 불우한 시대 가운데에서 멘델은 자신이 발견한 유전의 법칙은 장차 세계를 바꾸어 놓으리라고 예언했다. 그리고 오늘날 세계의 주요 곡물 대부분에 멘델의 성과가 미치고 있다.

이들 성과와 함께, 멘델의 유전학에서 잉태된 분자생물학이 폭발적으로 발전을 이루고 있다는 사실은 멘델의 예언이 정말로 옳았다는 것을 여실히 보여 주고 있다.

높은 벼랑에서 내려온 난

일본의 구미풍 가정집 창이나 레스토랑의 장식용 선반에는 센트폴리아나 베고니아 같은 꽃들이 놓여 생활에 정취를 더해준다.

이 센트폴리아의 잎을 한 장 떼어 적당한 배양토에 묻고 배양하면 얼마 후에 새싹이 트고 하나의 식물체가 된다. 이것이 '잎 꽂이'라는 현상이다. 백 장의 잎을 심으면 백 포기의 개체가 자라난다. 그리고 백 포기는 모두 완벽하게 같은 개체이다. 국화나 센트로폴리아를 키워 본 사람은 누구나 이렇토록 강한 자연의 생명력에 압도된 경험이 있을 것이다.

식물의 조직이나 기관의 일부, 나아가서는 세포를 물과 단순한 염류만으로 키워 보려는 발상은 매우 오래전부터 이어져 왔다. 19세기 말, 독일의 식물 생리학자 하버란트(G. Haberlandt)는 시험관 내에서 자주닭의장풀의 뿌리 세포를 배양하려고 시도했다.

하버란트는 생명을 유지하기 위한 정보는 모두 세포 속에 들어 있으므로 모든 세포가 완전한 개체를 재생할 수 있는 능력을 갖추고 있다고

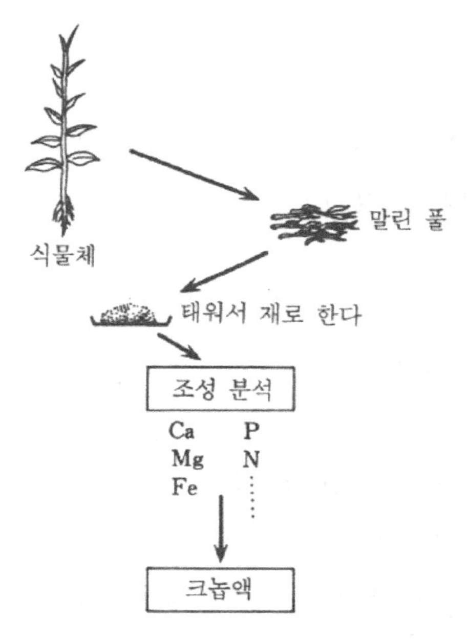

그림 1-7 | 크놉액의 원리

믿었다. 하버란트는 결국 자신의 가설을 증명할 수는 없었으나 그 뒤 식물 생리학자를 중심으로 여러 식물의 조직 배양이 시도됐다.

배지에 어떤 염류를 조합하여 사용하는지는 연구자에 따라 달랐으나, 초기에는 식물을 말려 태운 재의 성분을 통해 식물에 필요한 성분을 추정해서 염류를 조합했다. 현재 구근(球根)의 수경재배에 사용되고 있는 크놉액(Knop's nutrient solution)은 그 대표적인 예다. 조직 배양에 사용되는 배지 또한 이를 개량하여 진보시킨 것이다.

1930년대에 이르러 미국의 화이트(P. R. White)와 프랑스의 고트레

(R. J. Gautheret)에 의해 식물 조직 배양의 기본 기술이 확립되었다. 그리고 마침내 1958년 미국의 스튜워드(F. C. Steward)는 하버란트가 꿈꾸던 세포를 이용한 식물체 복원을 실현했다.

스튜워드는 당근 뿌리의 세포를 파쇄해서 캘러스(callus)라는 부정형의 세포 덩어리를 만들었다. 당시 미국 위스콘신대학의 스쿠그(F. Skoog)는 세포분열을 촉진하는 새로운 호르몬 시토키닌(cytokinin)을 발견하였다.

연구자들은 이 시토키닌과 또 다른 호르몬인 옥신(auxin)을 배지에 가하여 캘러스 안에서 싹과 뿌리에 원기(原基)가 생기는 것을 알아냈다.

스튜워드도 당근 세포를 사용해 호르몬의 영향을 조사하고 있었다. 어느 날 이 캘러스를 코코넛 밀크(시토키닌을 많이 함유함)가 들어 있는 배지에서 배양한 결과 작은 식물체 같은 것이 생겨나고 있었다.

그것을 잘 살펴보니 두 장의 자엽과 뿌리가 자라나고 있었다. 현미경으로 조사해 보니 씨에서 싹이 틀 때와 유사한 세포분열 형태가 여러 개 보였다. 이어진 실험에서 그것이 캘러스가 변화한 세포 덩어리인 것을 알아냈다. 배지의 작은 식물체는 캘러스의 세포 덩어리에서 생기고 있었다. 이것이 세포를 이용한 최초의 개체 재생(복원)이었다.

캘러스에서 생긴 씨의 싹트기와 닮은 세포 덩어리를 부정배(不定胚)라 한다. 씨에서 생장한 식물체의 원기에 해당하는 세포 덩어리를 배(胚)라고 하며, 부정배란 캘러스의 세포에서 생긴 배를 말한다. 캘러스의 어느 세포에서 생기는지 특정되지 않기 때문에 부정배라 한다.

손오공의 '전능성'

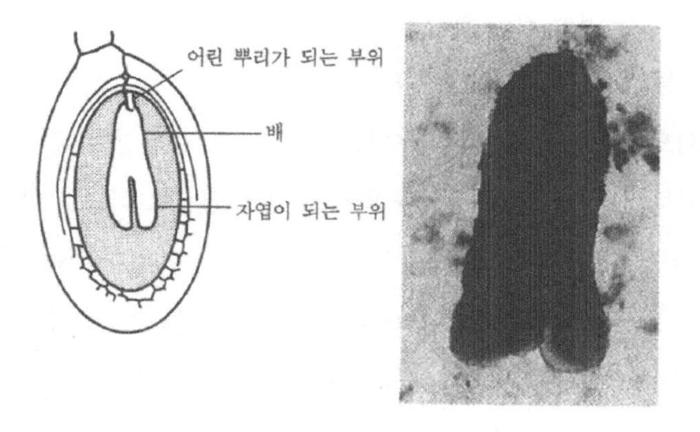

그림 1-8 | 수정으로 생긴 배의 모식도(왼쪽)와 당근의 부정배(오른쪽)는 매우 유사하다(植工研, 市川裕章 제공).

스튜워드가 운이 좋았던 것은 당근의 세포가 부정배 구조를 취하기 쉽고, 또한 다른 식물체보다 부정배에서 식물체가 확실하게 형성되었다는 것이다. 지금까지도 당근은 부정배를 형성하기 쉬운 재료 중 하나이다.

조직의 세포에서 개체가 생성된 것은 생물학에서 획기적인 사건이었다. 잘 알려져 있듯이 수정란은 동식물을 불문하고 한 개의 세포에서 배, 몸체의 각 조직이나 기관으로 분화해서 마침내 한 개의 개체로 성장한다. 그러나 수정란 이외의 체세포에서 본래 개체를 복원하는 것은 스튜어드의 실험 이전까지는 성공한 사례가 없었다.

서유기에는 손오공이 자신의 털을 뽑아 입으로 불면 수천이나 되는 손오공이 생기는 분신술을 사용한다. 하지만 실제로 우리의 머리카락을 뽑은 다음 어떤 처리 과정을 거쳐도 머리카락으로 온전한 하나의 성체를 만들어 낼 순 없다(그림 1-8).

진화도가 높은 고등생물일수록 일반적으로 정밀한 분화 과정을 거치기 때문에, 각 세포는 기능을 완전히 분담한다. 그러므로 한 개의 원세포(수정란)가 본래 갖고 있는 '무엇이라도 될 수 있다'라는 가능성을 일컫는 전능성(全能性, totipotency)은 발생 과정에서 손실된다.

식물은 동물만큼 분화하지 않기 때문에 각 부위에서 다른 기관을 만들어 내는 능력이 남아 있다. 식물이 갖는 전능성은 그다음의 연구 방향에 크게 영향을 미치고 있다. 전능성을 활용하는 조직 배양 기술은 육종을 이용한 품종개량만큼 주류를 이루지는 못했지만, 원예 분야에서는 새로운 길을 열었다.

조직 배양을 처음 상업적으로 응용한 것은 1960년대 난의 경정(莖頂, 뿌리 끝)배양이었다. 당시 바이러스에 감염되지 않은 난의 육성에 관해 연구하고 있던 프랑스의 모렐(G. Morel)은 식물 체내에서 바이러스가 가장 적은 경정의 성장점을 배양하고 있었다.

모렐은 배양한 생장점에서 생긴 캘러스에서 프로토콤(proto, 원+corm, 알뿌리)이라는 둥근 세포 덩어리가 여러 개 생겨나고 식물체가 많이 재생한 것을 발견했다. 또, 프로토콤을 작은 세포 덩어리로 다시 배양했을 때 한꺼번에 많은 프로토콤이 되었다. 이렇게 경정배양을 이용한 난의 대량 증식법이 확립되었다.

당시 미국 난 협회지의 편집자 딜론(Dillon)은 이 생장점 배양에 의

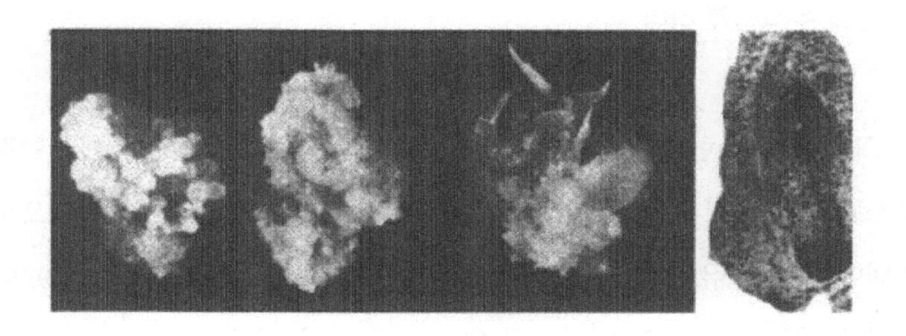

그림 1-9 | 난의 일종인 팬다(panda)의 프로토콤(protocorm)(왼쪽)과 그것을 절단시킨 부위(오른쪽). 싹과 뿌리가 생긴 것을 알 수 있다(Rao 「Plant, Tissue, and Organ Culture」에서).

한 대량 증식법을 메리클론 배양(meristem, 생장점 등의 분열조직 + clone, 영양증식계)으로 부르자고 주장했으며 원예가 사이에 널리 사용되었다 (그림 1-9).

난은 서민에게 높은 벼랑 위의 꽃처럼 여겨지곤 했지만 저렴하게 생산할 수 있게 되어 파티에서나 보던 꽃에서 일반 가정에도 보급되는 꽃으로 거듭났다. 지금은 튤립, 카네이션, 거베라 등 난 이외의 주요 꽃에도 이 방법을 응용하고 있다.

후술할 내용에서, 조직 배양 분야에서 생긴 벌거숭이의 세포 프로토플라스트(protoplast)는 세포융합을 활용한 새로운 식물을 탄생시켜 완전히 새로운 식물 생산의 길을 만들어 내려 한다.

신을 무색하게 하다

그리고 커다란 비약의 시대가 도래했다. 1944년 미국의 세균학자 오스왈드 에이버리(Oswald Avery)가 폐염쌍구균의 형질 전환 실험으로 멘델이 연구한 유전자의 실체가 DNA라는 것을 발견했다(그림 1-10). 이 성과에 더하여 영국의 캐번디시 연구소에 있던 젊은 제임스 왓슨(J. D. Watson)과 프란시스 크릭(F. Crick)이 DNA의 이중나선 모델로 기본적 유전 양식을 설명할 수 있다는 것을 보여 주었다. 멘델의 법칙이 발견되고 약 100년 후의 일이었다.

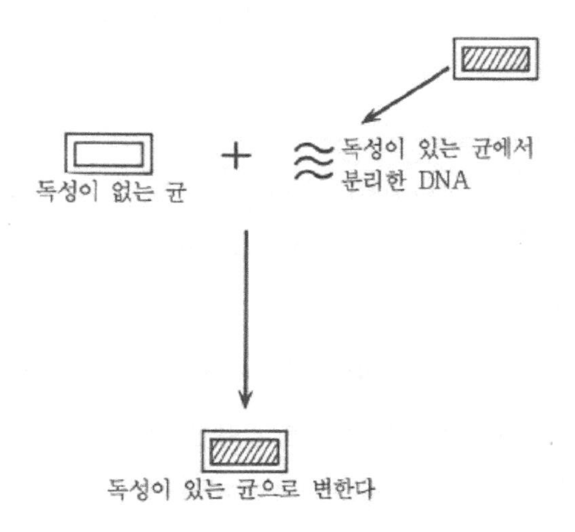

그림 1-10 | 에이버리의 형질 전환 실험. 독성이 강한 균에서 분리해 낸 DNA를 독성이 없는 균에 넣으면 독성이 없던 균이 강한 독성을 가진 균으로 변한다(결국 형질 전환을 하게 된다).

양친과 자식이 닮는다는 유전의 개념적 특성을 자세히 말하자면 양친이 자식에게 유전자를 정확히 전해준다는 의미다. 유전자는 자신과 같은 유전자를 복제해 자손에게 전한다. DNA의 이중나선 구조를 활용해 이런 현상을 설명할 수 있다.

이중나선, 즉 나선(볼펜 속의 스프링과 같이 둥글게 감겨 나간 것)과 나선을 조합시켜서 짝으로 하는 사다리꼴 연결기의 역할을 하는 것은 네 가지 염기이다. 즉, 아데닌(A), 구아닌(G), 티민 (T), 시토신(C)으로서, 아데닌은 티민하고만, 시토신은 구아닌하고만 짝을 짓는다. 이 완벽한 상보성에 의해 한 가닥 DNA에서 그와 똑같은 두 가닥의 DNA가 복제된다(그림 1-11).

왓슨과 크릭은 모델은 유전자가 이중나선 DNA 모양으로, 염기의 배열 방법이라는 정보 중에 유전의 모든 비밀이 감추어져 있다는 것을 밝혔다.

유전자가 DNA라는 화학물질인 것이 밝혀지자, 유전학 연구에 생물학자뿐 아니라 물리학자와 화학자들까지 참여하게 됐다. 그들이 구축한 분자생물학은 일약 시대의 주목을 받게 되었다.

그러나 이때에는 DNA는 연구실에서만 연구할 수 있는 것이었으며, 일반 사회에 파급되진 못했다. 이중나선 구조가 발표되고 20년 후로부터, DNA가 좁은 연구실에서 뛰쳐나가 단번에 산업계까지 참여하는 계기가 되는 획기적인 기술이 탄생하였다.

1968년, 스위스 취리히공과대학의 아르버(W. Arber)는 대장균이 세

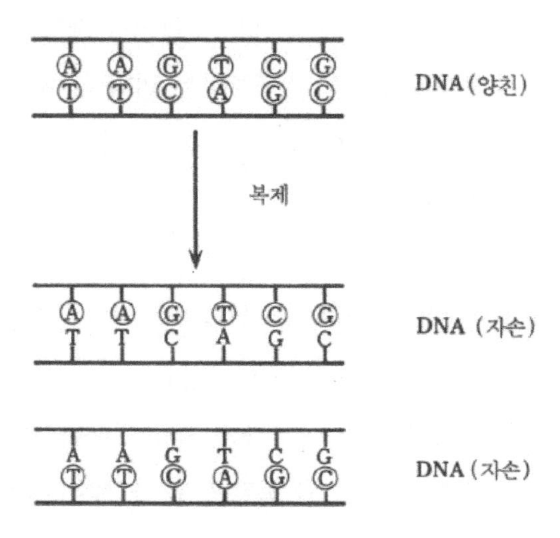

그림 1-11 | DNA의 정확한 복제. A는 T하고만, G는 C하고만 짝을 짓기 때문에 양친과 같은 DNA(자손)가 정확하게 복제된다.

포 내외에서 침입해 들어온 DNA를 선택적으로, 즉 '제한하여' 절단하는 현상으로부터 제한 효소(즉, 선택적 절단효소)를 발견하였다. 1970년에 이르러 미국 존스홉킨스대학의 스미스(H. O. Smith)는 제한 효소의 일종을 순수하게 정제하는 것에 성공해, 시험관 내에서 DNA 배열의 일부분을 선택적으로 절단할 수 있었다.

1972년 미국 스탠퍼드대학의 버그(P. Berg)는 SV40이라는 원숭이 종양 바이러스의 DNA에 대장균 DNA를 끼워 넣었다. 그때, 생물학을 근본적으로 변화시킬 중요한 무언가가 시험관 속에서 태동했다. 그리고 누군가는 무대의 막이 오르는 것을 조용히 응시하고 있었다.

지금까지 (간접적)
교배 접합(생물적인 방법에 따른 유전자 조환)
방사선(X선, 감마선, 자외선 등의 물리적 방법)으로 처리
변이 유발제(니트로소구아니딘, 에틸메탄 술포산 등 화학적 변이제)처리

유전자 공학을 사용한 방법(직접적)
시험관 내에서 DNA를 재조합, 설계도대로 변이를 만듦

표 1-1 | 유전자에 변이를 일으키는 방법

캘리포니아대학의 보이어(H. Boyer)와 스탠퍼드대학의 코헨(Cohen)이 그 막을 열었다. 그들은 제한 효소를 활용해 간편하게 대장균에 개구리 DNA의 일부를 도입해 대장균의 유전형질이 전환될 수 있다는 것을 보기 좋게 증명했다. 이렇게 유전자 공학이 영광스러운 무대에 출연했다. 이를 계기로 DNA에 관련된 기술이 노도(怒濤)처럼 발전했다.

유전자 공학의 특징은 유전자인 DNA를 자유자재로 끊거나 결합할 수 있는 것이다. 지금까지 연구자들은 유전자에 변이를 일으키거나 개체에 새로운 형질을 도입하고 싶을 때 감마선·X선이나 자외선을 조사하는 방법, 변이를 일으키는 화학물질을 생물에 가하는 방법, 접합이나 교배하는 방법과 같이 다른 유전자를 도입하는 간접적인 수단에만 의지하고 있었다.

이런 방법은 생물의 종류에 따라 긴 시간이 필요할 수도 있는 방법이며 목적하는 변이를 반드시 일으킬 수도 없었다. 그러므로 유전자를

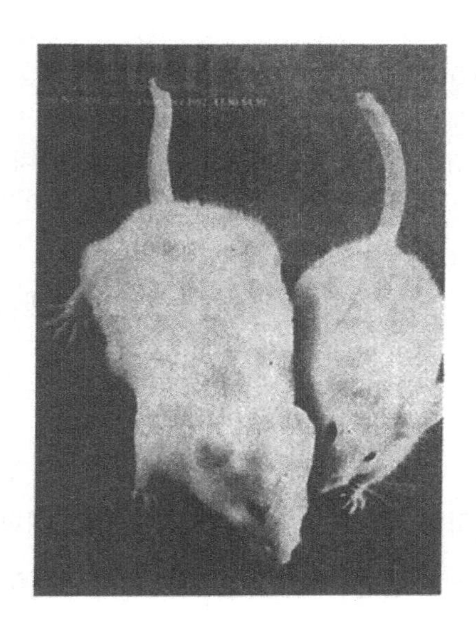

그림 1-12 | 쥐(rat)의 성장호르몬을 합성하는 유전자를 생쥐(mouse)의 수정란에 집어넣어 만든 슈퍼마우스(super mouse)(왼쪽). 오른쪽의 정상적인 생쥐와 비교해 보라(「Nature」에서).

시험관 내에서 직접 조작할 수 있는 새로운 기술이 얼마나 획기적이었는지, 유전자 연구자들에게 얼마나 커다란 흥분의 소용돌이를 일으켰는지는 상상하기 어렵지 않다.

이 방법을 이용하면 시험관 내에서 정확하고 신속하게 DNA에 목적하는 변이를 일으킬 수 있다. 그것은 멘델의 유전적 방법론을 뒤집는 예측 불가능한 잠재력과 동시에 사회의 눈을 생물학계로 향하도록 하는 힘을 갖고 있었다.

의약에서 유전자 공학의 응용은 먼저 대장균을 이용한 인슐린 합성으로 시작되었다. 그리고 눈 깜짝할 사이에 새로운 약과 백신의 제조 개발을 목표로 하는 수백의 벤처 비즈니스가 생겨났다. 그리고 오늘에 이르러 의약뿐 아니라 중요 1차 산업의 분야-농업, 수산, 축산에 영향력을 미치고 있다.

이 기술은 생물학에서 출발했음에도 불구하고 문자 그대로 공학적으로 기능한다. 미생물이나 동물세포를 공장으로써 단백질을 대량으로 생산하거나, 새로운 단백질을 만들어 내는(단백질공학) 공학적 요소를 사용한다.

의약 분야에서 성공을 거둔 유전자 공학이 식물 분야에 도입되는 것은 시간문제였다. 의학 분야는 단백질 대량생산과 같은 물질생산에 유전자 공학을 응용했지만, 식물 분야에서는 유전자 공학을 대체로 육종에 응용했다.

동물 연구에서 쥐의 수정란에 생쥐(야생 쥐)의 유전자를 도입시켜 슈퍼마우스(super mouse, 그림 1-12)와 같은 생물을 탄생시키고 있지만 수정란에서부터 출발해야 한다는 제약적 한계가 있다. 식물의 경우 체세포에도 전능성이 있으므로 많은 과학자가 자연스럽게 인위적 유전자 도입에 의한 '육종'의 길을 택한 것이다.

유전자 공학을 작물 육종에 활용하기 위해서는 다음 세 가지 조건이 충족되어야 한다.

① 외래 유전자를 운반해 넣는 벡터(vector, 운반체)가 존재할 것. 벡터란 운반해 넣는 숙주 속에서 증식할 수 있는 DNA로, 외래 유전자를

그림 1-13 | 크라운 골의 3가지 형태(Hooykaas 등의「Molecular Biology of Plant Tumors」에서).

업고 숙주 내에 들어가 증식한다. 즉, 매개의 역할을 한다.

② 목적하는 형질발현을 담당하는 유전자가 확실히 존재할 것.

③ 외래 유전자가 들어간 세포가 증식하여 식물체가 될 것.

②와 ③은 제약이 있지만 조건을 충족하며 이용할 수 있는 것이 이미 존재했다. 하지만 가장 큰 문제는 유전자를 업고 들어가는 벡터였다.

기다리고 있던 벡터는 예로부터 포도나 살구 등의 과실류와 장미 등의 원예 식물에 피해를 주곤 한 병원균에서 발견되었다. 이 식물들에는 크라운 골(crown gall)이라는 왕관형의 기종(奇腫)이 자주 생긴다(그림 1-13). 그 원인은 아그로박테리움 튜머페이션스(Agrobacterium tumefaciens)라는 토양세균인데, 1907년 미국 농무부의 스미스와 타운센드(J. S. E. Townsend)가 발견했다. 그 이후 질소 고정균과 함께 식물과 세균의 상호작용을 관찰하기 가장 좋은 재료로서 주목받아 왔다.

그리고 독일의 막스 플랑크(M. K. Planck)연구소의 셸(J. Schell)과 벨기에 겐트대학의 몬타규는 이 세균 속에 거대한 플라스미드(다음 장에서 상세히 설명)가 존재하는 것을 발견했다.

이것을 Ti 플라스미드(Ti-plasmid)라 한다. Ti 플라스미드는 식물의 종양을 발생시키는 유전자를 가지며, 미국 워싱턴주립대학의 칠턴(M. D. Chilton) 등이 그 유전자의 일부가 식물 세포 핵의 DNA에 자연적으로 조합된다는 결정적 사실을 밝혀냈다. 즉, Ti 플라스미드는 자연에 존재하고 있던 식물 유전자의 벡터이다. 이 세균은 몇만년 전부터 다른 식물에 자기의 DNA 일부를 집어넣고 있었다.

이것을 이용하면 상기 세 가지 조건을 모두 갖출 수 있다. Ti 플라스미드의발견 이래 식물 분야에도 많은 분자생물학자가 연구에 참여했다. 증기기관의 발명이 산업혁명을 발발하고 인간사회에 넓은 영향을 미친 것처럼, 유전자 공학을 익힌 과학자들은 이 발견을 지표로 탐지침 삼아 산업적으로 접목할 응용 분야를 찾고 있다.

지금까지도 이 탐지 침으로 과학자들은 인접 기술 분야에서 인류가 아직 개척하지 못한 지하수맥을 찾고 있지만 아직은 얕게 느껴지는 이 수맥이 어떤 크기일지는 잘 모른다. 필연적인 인구 증가에 따른 식량 증산을 걸머질 정도로 큰 수맥일지, 혹은 기초과학의 커다란 흐름 중에서도 단지 작은 갈래에 그칠지는 연구에 종사 중인 과학자들까지도 아직 정확하게 파악하지 못했다.

바이오는 장래 큰 강이 될까?

우리가 누려왔던 기술의 총아와 새로운 바이오테크놀로지 기술의 지하수맥이 지표에서 결합해 커다란 하천이 될 가능성은 충분하다. 그러나 산업혁명의 이면에는 산업 폐기물에 의해 발생한 공해나 전체적 노동량이 증가한 반면이 있던 것처럼 새로운 기술인 유전자 공학에도 아직 여러 위험이 도사리고 있다.

사람들은 물리학의 첨단기술인 원자력이 낳은 여러 부정적 면을 예로 들어 유전자 공학을 이용한 식물 개량의 잠재적 위험성을 우려하기도 한다. 반대로, 지금까지의 기술로는 불가능했던 일을 바이오테크놀로지 기술이 모두 해결해 줄 것이라 맹신하는 사람도 있다.

가부간 유전자 공학의 출현 덕분에 생소하게만 느껴지던 유전자가 생물학의 기초도 모르는 사람까지도 쉽게 접할 수 있는 개념이 되었다.

오늘날엔 자연이 35억 년에 걸쳐 조금씩 진화시켜 온 생물을 실험실 안에서 개조시켜 존재하지 않던 생물까지 단기간에 만들어 낼 수 있게 되었다. 유전자 공학을 심지로 한 하드웨어적 기술은 누구나 다룰 수 있게 되어서 지금은 컴퓨터의 소프트웨어 만들기에 가까울 정도다.

그래서인지 이런 방법을 통해 완전히 새로운 식물이 공상의 울타리를 넘어 튀어나오려 하고 있다.

'파란 장미꽃'. 이 단어를 영어 사전에서 찾으면 '불가능'이라는 의미라고 서술되어 있다. 파란 장미꽃을 만드는 일은 오래도록 원예가들의 로맨스이며 꿈이었으나 그 의미대로 '불가능'한 일이었다. 그 '파란 장미꽃'이 바이오테크놀로지 기술로 실현될 날이 머지않았다. 적어도 이론적으로는 가능한 일이다.

'파란 장미꽃'은 아직 만들어지지 않았다. 그러나 반딧불처럼 어둠 속에서 빛을 내는 식물 또는 바이러스나 제초제에 내성이 있는 식물은 이미 개발되어 세상에 나와 있다. 아마 그리 머지않은 미래에는 유전자 공학에 의해 새로운 형질을 부여받은 토마토나 감자가 슈퍼마켓에 진열될 것이다.

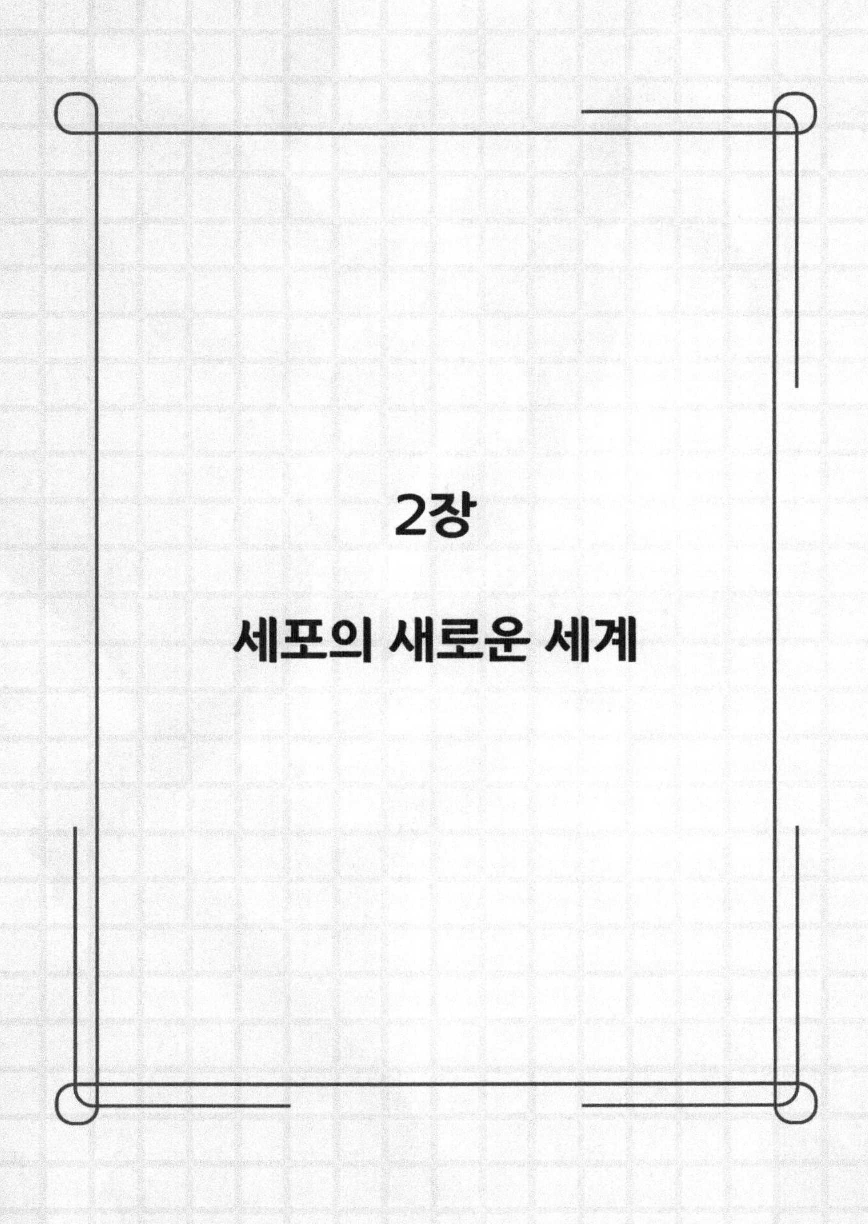

2장

세포의 새로운 세계

끊임없이 변모하는 세포

현미경으로 세포를 관찰해 본 사람이라면, 세포 안에서 핵을 비롯한 여러 입자가 움직이고 있던 것을 기억하고 있을 것이다. 특히 식물 세포라면 녹색을 띈 엽록체가 움직이고 있었을 것이다.

핵이나 엽록체를 비롯한 세포 안에는 몇 개의 독립된 입자가 있다. 이를 세포 내 소기관이라 한다. 가정을 예로 들면 옷장과 같다.

대표적인 세포 내 소기관은 유전자 DNA가 수납된 핵, 광합성을 수행하는 엽록체, 산소호흡이 이루어지는 미토콘드리아(mito=실+chondria=입자), 또 분비, 수송에 관여하는 골지체(발견자 C. Golgi의 이름을 땄다), 노폐물을 처리하는 리소좀(lyso=가수분해+some==소체) 등 일

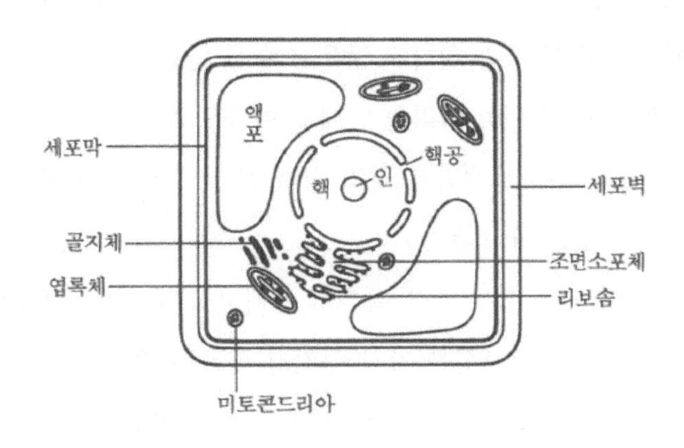

그림 2-1 | 식물 세포의 모식도

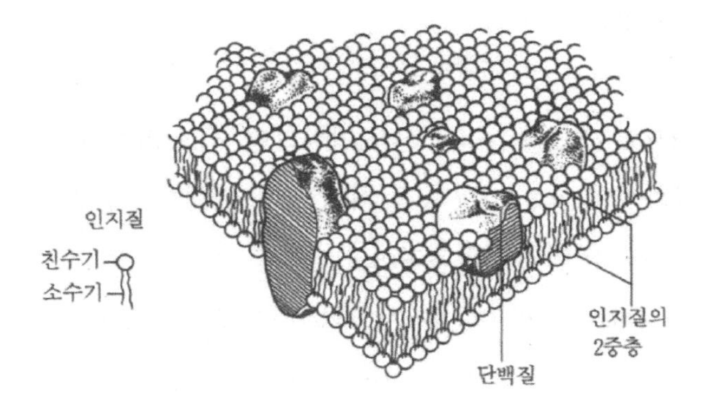

그림 2-2 | 세포막의 구조. 인지질이란 지질 중에 인산을 함유한 것을 말하는데, 생체막에서는 특유의 이중 구조를 갖춘다.

일이 열거할 수 없을 정도로 많다(그림 2-1). 생체막은 이런 세포나 세포 내 소기관을 분리해 주는 생리적으로도 중요한 역할을 한다.

생체막은 특유의 이중 구조를 가진다. 한쪽에는 물과 친한 친수성 반응기와 다른 쪽엔 물과 친하지 않은 소수성 반응기를 가진 인지질이 위치하는데, 서로 소수성 꼬리를 맞대고 이중으로 나열해 막을 만든다(그림 2-2). 예를 들어 생체막은 집의 벽과 같다. 그러나 벽처럼 완전히 변화하지 않는 것은 아니다.

그림과 같이 생체막에는 막 특유의 단백질이 부분적으로 존재하지만, 그 외 단백질은 유동성을 가진 인지질 속을 마치 오호츠크해를 떠다니는 빙산처럼 떠돌고 있다. 또 생체막은 성분이나 형태를 시시각각 변화시켜서 세포 자신의 다양한 움직임에 대처한다.

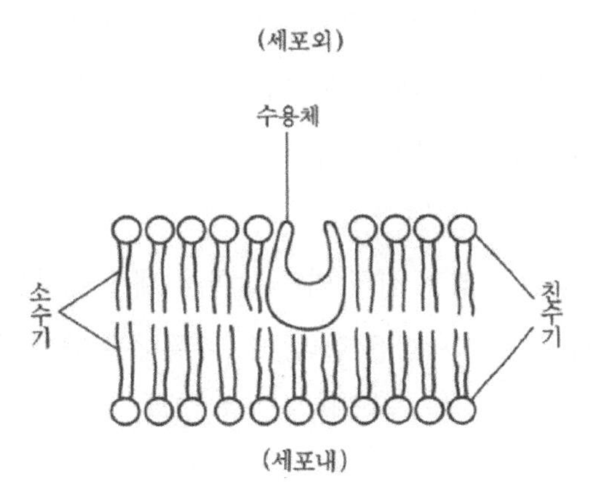

그림 2-3 | 생체막의 이중 구조와 수용체

변화하는 것은 생체막뿐만이 아니다. 세포 속에서는 단백질을 비롯한 생체 구성 분자가 끊임없이 합성되거나 분해되고 있다. 즉, 세포는 시공간적으로 변화하고 있는 유연(柔軟)구조를 갖고 있다고 할 수 있다.

고층을 건축할 때도 강구조(剛構造)보다 유구조(柔構造)가 지진 등 외부의 자극에 대응하기 쉬운 것과 마찬가지로 세포의 유구조도 외계에 적응하기 위해 매우 효율적으로 만들어졌다.

다시 생체막을 살펴보자. 생체막은 바깥부터 차례로 친수기, 소수기, 친수기의 순서로 형성되어 있다(그림 2-3).

생체막의 구조로부터 생체막을 통과할 수 있는 물질과 통과할 수 없는 물질이 구별된다. 즉, 물에 녹으나 기름에 녹지 않는 친수성 분자는 생체막을 통과할 수 없다.

하지만 불필요한 것들을 걸러내는 것은 좋으나 필요한 것을 받아들이지 못하면 곤란하다. 그래서 세포가 내부에 받아들이고 싶은 분자는 수용체(receptor)라는 막 내의 단백질이 나와서 세포 내부로 끌어들이게 된다.

즉, 생체막의 소수성은 집의 벽과 같아서 세포 내부를 일정 환경으로 유지하는 데 중요한 역할을 한다. 또, 수용체는 때마다 필요한 물질만 선택적으로 통과시키는 문에 비유할 수 있다.

한편 생체 내 곳곳에서 중요한 역할을 하는 단백질이나 효소도 발현시기나 발현량을 매우 엄밀하게 조절한다.

효소란 그 효소와 선택적으로 반응하는 물질(기질이라 한다)을 분해하거나 합성하는 단백질을 말한다.

기질이 많을 때는 관련된 효소가 많이 만들어지며 기질이 없어지면 효소의 양이 줄어든다. 이런 현상은 생체 내 곳곳에서 일어난다. 하루에 이루어지는 대사(생체 내의 화학 반응)의 극히 일부분만을 관찰하여도, 많은 효소가 교체되고 되돌아 나가며 하나의 반응을 수행하고 있는 것을 알 수 있다.

생체 내에서 이루어지는 효소반응은 효소의 집단이 하나가 되어 이루는 통계적 반응이다. 이러한 시스템은 공작기계처럼 일정한 모양으로 장기간 같은 일을 하는 강구조 물질에서는 찾을 수 없다.

다음으로는 세포의 유연구조를 지탱하는 대표적 구조에 대해 살펴보자.

핵이 있어서 살아 있다

핵은 세포 중에서도 가장 큰 세포 내 소기관으로, 이름 그대로 유전자 DNA를 갖는 가장 중요한 기관이다.

세포에서 핵을 제거해 버리면 세포는 몇 시간 만에 죽어 버린다. 생체 유지에 필요한 단백질이 모두 핵의 DNA에서 나오는 정보에 의해 발현되며, 핵을 제거하면 정보가 끊어져 버리기 때문이다.

DNA에서 나온 지령이 mRNA(messenger RNA)를 거쳐 핵 외의 세포질로 전해진다는 것은 최근에 밝혀진 것이다.

핵의 구성성분 중 주체는 DNA와 RNA이다. 제1장에서 언급한 것처

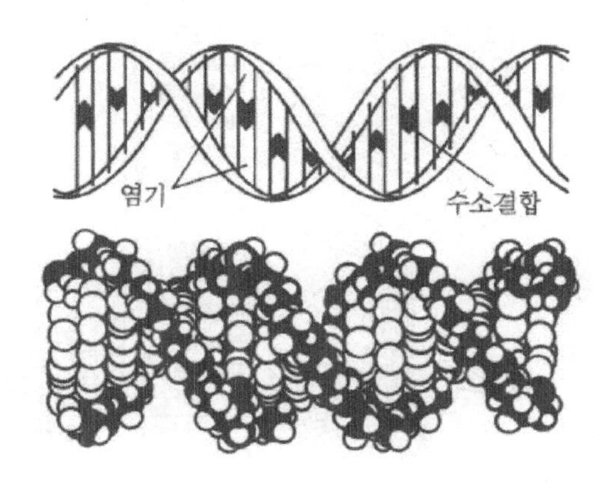

그림 2-4 | DNA의 구조. 두 가닥의 핵산 결합고리가 이중나선형을 만들고 있다(Alpard의 「세포의 분자생물학」에서).

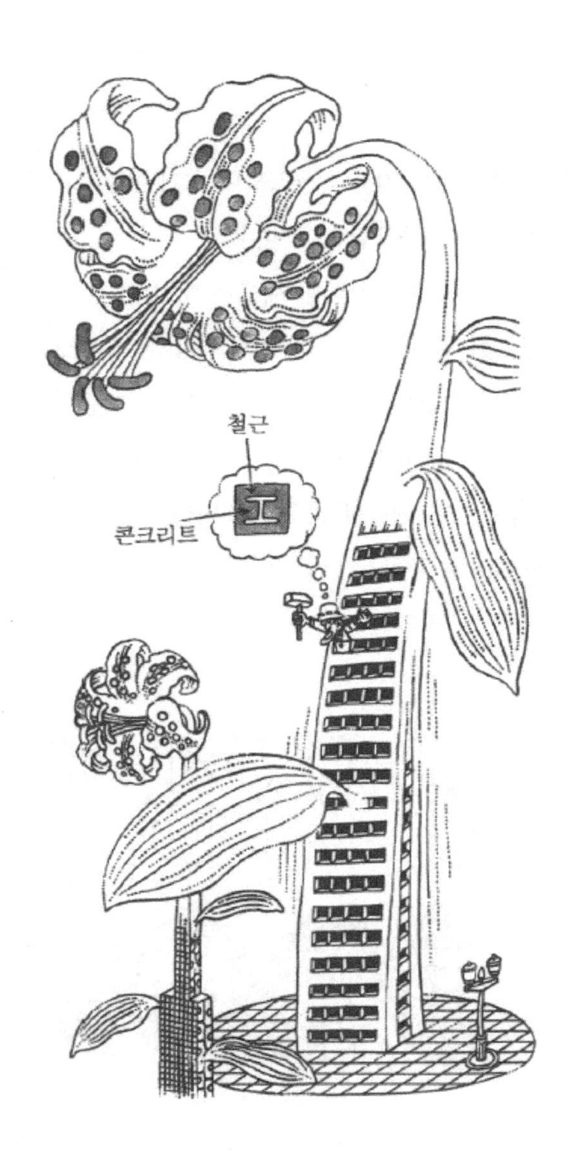

세포는 유연구조

럼 DNA는 당과 인산이 쇄상(쇠사슬 형)으로 연결되고, 거기에 네 종류의 염기 아데닌(A), 구아닌(G), 티민(T), 시토신(C)이 가지처럼 붙어 있으며 일반적으로 두 가닥 DNA 사슬이 이중나선 구조로 되어 있다(그림 2-4).

한편 RNA 아데닌, 구아닌, 우라실(U), 시토신은 네 종류의 염기를 가진 핵산이며 한 가닥이다.

RNA에는 세 종류가 있다. 가장 큰 RNA는 mRNA(전령 RNA)라 하며 유전자 DNA의 일부를 카피해 단백질 합성공장인 리보솜(ribosome)으로 운반하는 역할을 한다. 그 외에 리보솜을 구성하기 위한 rRNA(ribosome RNA)와 단백질 합성을 위한 아미노산을 리보솜에 운반하여 넣는 tRNA(transfer RNA, 운반RNA 또는 전이 RNA라 한다)라는 작은 RNA가 있다. DNA의 정보는 리보솜에서 단백질로 변하며 비로소 실용적 기능을 갖춘다.

DNA와 단백질의 기능을 예로 들어 살펴보자. 이 그림은 DNA 건물(생물체)의 청사진이다. 여기에서 실제로 건물을 만드는 목수나 미장이 일은 단백질이 맡고 있다. RNA, 특히 mRNA는 DNA와 단백질 합성을 중개하는 역할을 한다.

그렇다면 이 매우 가는 실 같은 DNA에 어떻게 그토록 막대한 유전 정보가 저장될 수 있을까.

DNA의 유전 정보는 염기의 배열 순서를 정한다. 즉, A, G, C, T라는 네 염기 중 임의의 세 개의 조합에 의해 정보가 형성된다.

즉, 염기 배열 세 개의 조합을 한 짝(triplet codon)이라 한다. 예를

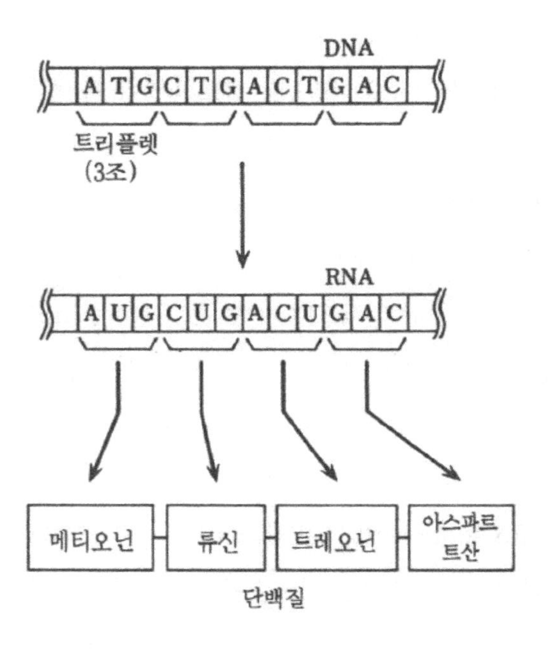

그림 2-5 | 트리플렛(triplet, 염기 3개로 된 짝)이 한 개의 아미노산을 만들도록 명령한다.

들어 AGC, CTG같은 세 염기의 조합이 특정 아미노산(AGC일 경우는 serine, CTG일 경우는 leucine)을 만드는 것을 조절한다. 이것이 유전 정보의 본질이다(그림 2-5). 분자생물학의 여명기인 1965년경까지 니런버그(M. Nirenberg), 오초아(S. Ochoa), 코라나(H. G. Khoram) 등이 이를 발견했다.

DNA의 유전 정보는 mRNA와 단백질에 어떻게 전해질까?

가장 처음 일어나는 일은 전사(轉寫)라는 과정인데, 마스터 테이프

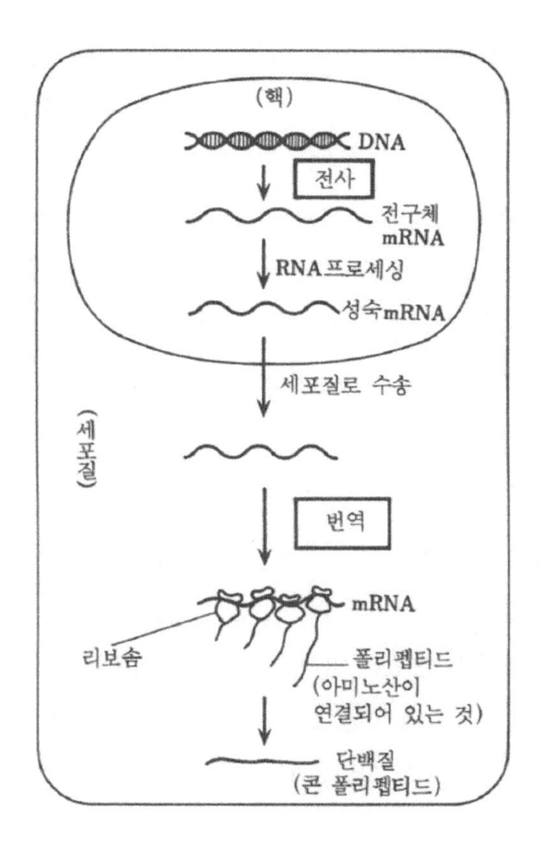

그림 2-6 | 세포질 내에서 이루어지는 '전사'와 '번역'

(master tape)의 DNA 일부가 mRNA에 복사된다. 진핵생물(세포에 핵을 갖는 생물)의 경우 핵 내에서 이루어진다.

두 번째는 번역이라는 과정으로, mRNA의 정보에서 단백질이 합성되는 과정이다. 번역은 세포질에 있는 단백질 제조공장인 리보솜에서 이루어진다(그림 2-6). 핵을 갖지 않는 원핵생물(세균이나 남색 식물과 같은 생물)은 세포질 안에서 번역과 전사가 모두 이루어져 단백질을 합성한다.

여기서 중요한 점은 고등생물은 번역과 전사 두 과정이 꽃이나 잎 등의 조직이나 기관마다 각각 조절되고 있다는 것이다.

조직이나 기관마다 각자 다른 단백질을 합성하는 것은 잘 알려진 사실이다. 구체적인 예로는 눈에서 빛을 느끼는 로돕신(rhodopsin), 혈액에서 산소를 운반하는 헤모글로빈을 합성하는 현상 등이 있다. 생체 내에서 조직마다 기능이 분담되는 현상은 수정란에서 생체에 이르기까지의 성장 과정에서 연속적으로 일어나며, 이 과정을 분화(分化)라 한다.

분화한 조직에서 발현을 억제하는 것, 즉 어떤 단백질을 어느 시점에서 얼마나 만드는지에 관한 조절의 문제는 매우 중요하지만, 아직 모든 전모가 밝혀져 있지는 않다. 예를 들어 대장균처럼 단순한 생물조차도 수천 개의 유전자 중 겨우 십여 퍼센트만 발현된다. 그리고 나머지 유전자는 어떤 특수한 조건에서만 발현한다. 그러나 분화 및 발현이 전사 및 번역과 밀접하게 관련된 것은 틀림없다.

후술할 내용처럼 전사 과정에서는 새로운 사실이 계속 발견되고 있다.

유전자의 복제—우수한 기술

전사는 DNA에서 mRNA를 합성하는 효소, 즉 RNA 폴리머라제(polymerase)가 DNA에 결합하는 것부터 시작된다. RNA 폴리머라제가 결합하는 DNA 부분을 프로모터(promotor, 개시부)라 하며 부근에 전사를 조절하는 염기 배열이 있다.

여러 유전자의 염기 배열을 조사한 끝에 프로모터에 공통 염기 배열 부분이 있는 것이 밝혀졌다. 지금까지 원핵생물과 진핵생물 프로모터의 각각 고유 배열이 알려져 있다.

DNA 위치를 알기 쉽게 하도록 각 염기에 번호를 붙여 놓았다. mRNA의 전사가 개시되는 DNA상의 염기를 +1로 하여 그 위쪽(5'쪽)을 마이너스, 밑쪽(3'쪽)을 플러스로 한다. 그렇게 하면 DNA상의 모든 위치는 플러스 1을 기점으로 하는 염기의 수로 나타낼 수 있다.

그렇게 해 보면, 원핵생물의 프로모터에서 −10과 -35 부분에 특수한 염기 배열이 존재하며, 그를 인식하여 RNA 폴리머라제가 결합하는 것을 알 수 있다(그림 2-7).

한편, 진핵생물에서는 -30 부분에 TATA 박스라는 부위가 있다(물론 T는 티민, A는 아데닌을 의미한다). 이는 원핵생물의 -10영역에 해당한다. 마찬가지로 −70~-80 영역에는 원핵생물의 -35 영역에 해당하는 특수한 염기 배열(CAAT 박스라 한다)이 존재한다(그림 2-8).

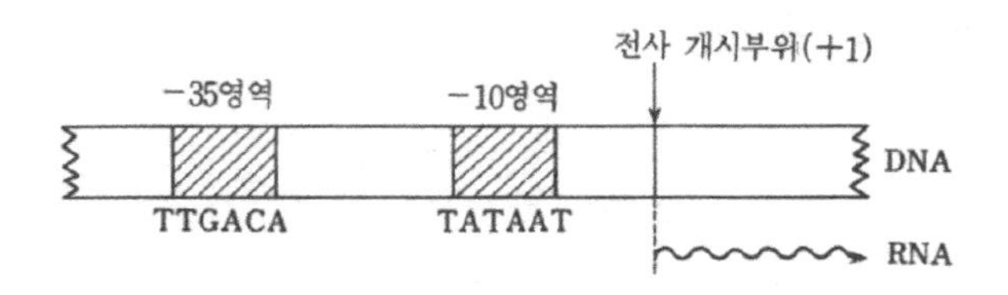

그림 2-7 | 원핵생물의 프로모터

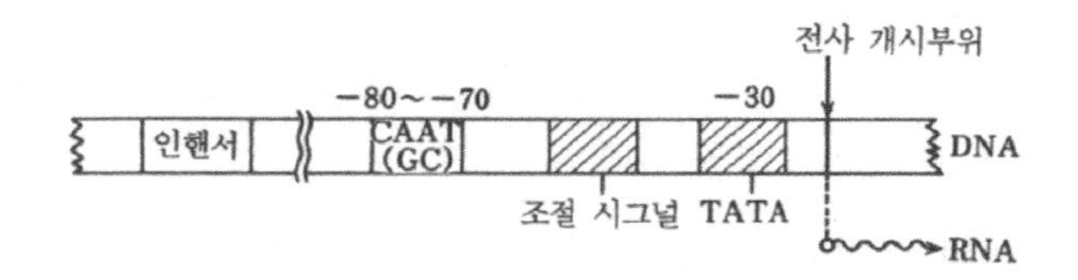

그림 2-8 | 진핵생물의 프로모터, TATA 박스와 CAAT박스

또, 고등생물에서는 프로모터의 위쪽에 인핸서(enhancer)라는 염기배열이 존재하는 경우가 많다. 인핸서는 활성화 인자를 말하며 전사량을 대폭으로 촉진하는 성질이 있다.

RNA 폴리머라제가 프로모터를 인식하여 결합하면 이를 발판으로 비로소 DNA에서 mRNA가 복사된다. 이 복사는 전술과 같이 정확히

A-T

G-C

의 짝을 이루며 진행된다. 단, RNA는 티민(T) 대신 우라실(U)을 사용하

기 때문에 U가 들어간다. 예로서 DNA 배열이

5'쪽…GATTCA…3'쪽

일 때 mRNA는 이와 상보적인 배열

3'쪽…CUAAGU…5'쪽

이 된다.

이 G-C, A-T(U)라는 고도의 선택적 짝짓기(상보성)가 어버이 유전자를 정확하게 자식에게 전하는 최대의 열쇠이다.

RNA 합성이라는 중요한 작용을 하는 RNA 폴리머라제는 원핵생물에서는 한 종류, 진핵생물에서는 세 종류가 알려져 있다. 즉, 아마니틴이라는 독에 대한 진핵생물의 RNA 폴리머라제의 감수성이 다른 데서 세 종류가 있다는 것을 알게 되었다.

α-아마니틴은 파리버섯(amanita 속)이라는 독버섯(그림 2-9)의 독이다. 동물이 먹으면 RNA 폴리머라제가 저해되어 단백질 합성에 지장을

그림 2-9 | 파리버섯

초래하여 심할 때는 죽는다(그림 2-9).

초기에는 아마니틴에 저항성이 있는(반응을 일으키지 않는) RNA 폴리머라제를 Ⅰ형, 감수성이 있는(반응하는) 것을 Ⅱ형, 고농도 α-아마니틴에만 감수성이 있는 것을 Ⅲ형으로 구별하였다.

그러나 그 후 Ⅰ형 RNA 폴리머라제는 rRNA 유전자의 전사, Ⅱ형은 mRNA의 전사, Ⅲ형은 tRNA 유전자를 전사하는 것으로 밝혀졌다.

진핵생물의 경우는 전사가 시작되면 바로 RNA 폴리머라제에 의해 mRNA의 끝부분에 모자와 같은 캡(cap) 구조가 생긴다(그림 2-10).

DNA의 전사는 이렇게 시작된다. 그렇다면 어떻게 완료될까.

전사의 완료 명령은 DNA 위에 있는 터미네이터(terminator, 종결부)라는 부위에서 실행한다. 이번에도 진핵생물은 특수한 염기 배열을 가지고 있다. 터미네이터 밑쪽에 반드시 AATAAA라는 배열이 존재하는데, 이것이 RNA 폴리머라제가 DNA에서 떨어지라는 신호가 된다. RNA 폴리머라제가 이를 통과하면 mRNA가 절단돼서 RNA 폴리머라제가 떨어진다. 그런 다음 DNA에서 떨어진 mRNA의 끝부분에 폴리 A 폴리머라제(poly A polymerase)라는 효소가 폴리 A(AAAAA…… 형태로 A가 계속 배열된다)를 붙인다(그림 2-10). 캡 구조가 모자라면 폴리 A는 구두 형태가 된다.

이상이 전사 과정이다. 원핵생물은 지금부터 '번역'을 시작하지만, 진핵생물은 그렇지 않다. 진핵식물은 이 과정에 더해 프로세싱(processing)이라는 성가신 과정을 거쳐야만 번역기능을 갖는 mRNA가

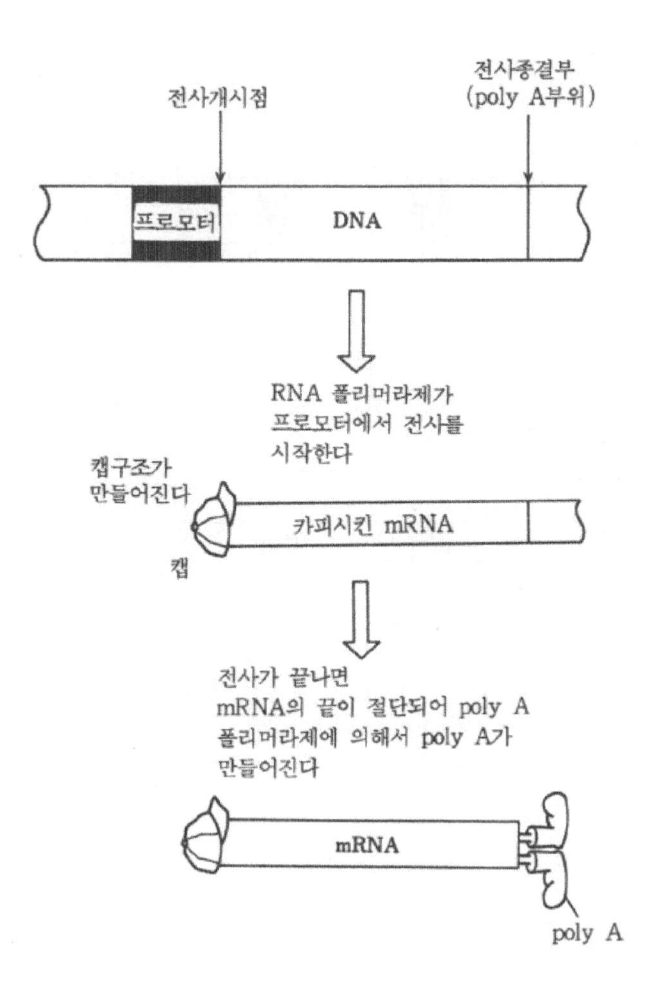
전사종결부
(poly A부위)
전사개시점
프로모터
DNA
RNA 폴리머라제가
프로모터에서 전사를
시작한다
캡구조가
만들어진다
카피시킨 mRNA
캡
전사가 끝나면
mRNA의 끝이 절단되어 poly A
폴리머라제에 의해서 poly A가
만들어진다
mRNA
poly A

그림 2-10 | 전사 과정

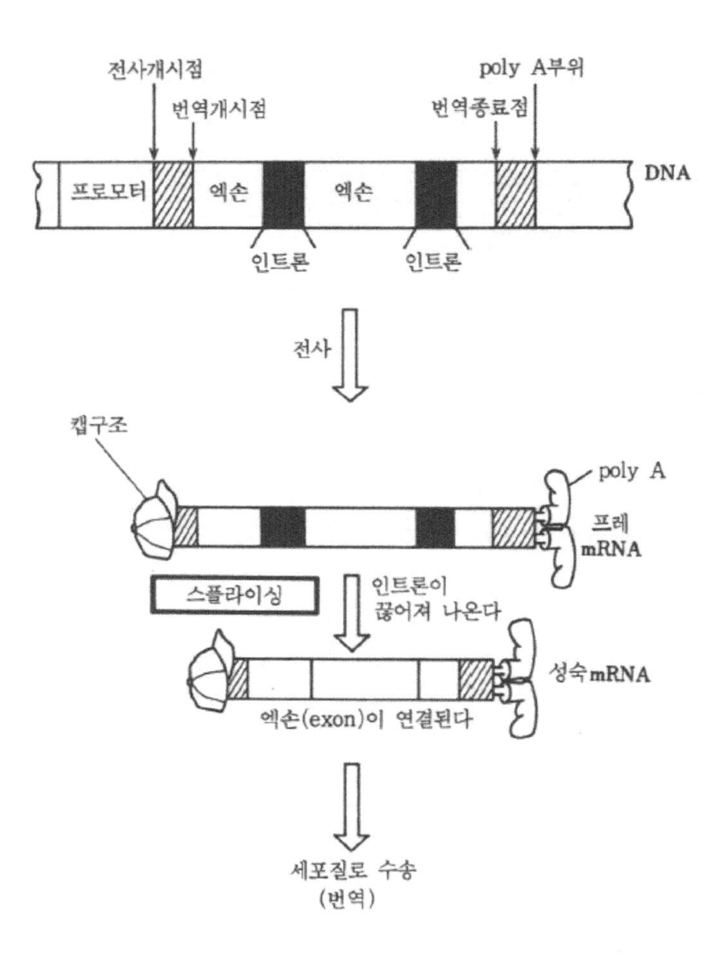

그림 2-11 | 고등생물 유전자의 구조(위)와 스플라이싱(밑)의 모식도

된다. 프로세싱은 마치 성인식과 같은 것이다.

캡 구조가 붙거나, 폴리 A가 붙는 것 또한 프로세싱의 일부지만 프로세싱의 가장 대표적 역할은 바로 스플라이싱(splicing)이다.

스플라이싱은 전사를 바로 끝낸 mRNA(pre-mRNA라 한다)가 특정 장소에서 절단되어 다시 연결되고(splice 되어) 더 짧은 mRNA(성숙 mRNA)를 만들어 내는 것을 말한다(그림 2-11).

DNA에서 전사된 mRNA는 스플라이싱 처리 후 비로소 아미노산(단백질이 되는 성분)으로 번역할 수 있는 mRNA가 된다.

프레mRNA가 스플라이싱으로 잘라 버려지는 부분을 인트론(intron, 개재배열)이라 하며, 아미노산 배열로 변환되는 다른 쪽의 '의미 있는 부분'을 엑손(exon)이라 한다. 엑손과 인트론의 수는 유전자에 따라 다르며, 수가 많을 때는 인트론을 수십 개씩 가지기도 한다.

고등생물의 유전자에 왜 인트론 같은 '의미 없는' 부분이 있는지는 아직 정확히 밝혀지지 않았지만, 인트론이 있으므로 생물의 다양성이 확보된다는 해석이 있다.

예를 들어 같은 DNA에서 만들어진 mRNA가 두 가지 이상 다른 방법으로 스플라이싱 되어 다른 성숙 mRNA가 만들어지는 경우가 있다. 그 결과, 같은 DNA 유전 정보에서 다른 단백질이 번역된다.

핵 내에서 이루어지는 이런 전사의 제어나 프로세싱 과정을 거쳐 비로소 어른이 된 mRNA는 핵에서 나와 다음 '번역' 장소인 리보솜으로 향하게 된다.

번역으로 생명을 이어간다

전자현미경으로 세포를 보면 세포질 속에 작은 입자가 잔뜩 붙은 막상(膜狀) 구조가 보인다. 이를 겉모습에서 따와 조면소포체(粗面小胞體)라고 부른다(그림 2-12). 이 조면소포체가 바로 번역의 현장인 단백질 생산 라인이다.

입자상에서 보이는 것은 리보솜이다. 잘 보면 작은 알맹이가 큰 알맹이 위에 놓여 있는 눌려 찌부러진 오뚝이 같은 모양이다. 리보솜은 단백질과 rRNA로 형성되며 오뚝이 머리에 해당하는 부분에는 핵에서 온 mRNA가 파고들어가 있다. 이때 mRNA는 오뚝이를 여러 개 연결한 모습인데 실에 구슬을 펜 형태이다.

리보솜에서 mRNA의 염기 배열 정보가 비로소 아미노산 배열 정보로 바뀌고, 아미노산이 연결되어 단백질이 만들어진다.

그림과 같이 오뚝이 머리 부분에서는 mRNA의 지령에 따라 tRNA가 아미노산을 세포질에서 운반해 온다. 한편, 오뚝이의 몸 부분에서는 만들어지기 시작한 단백질이 늘어져 있다.

tRNA가 지령받은 아미노산을 하나 운반해 와서, 만들어지기 시작한 단백질에 연결하면 mRNA의 위치가 하나 어긋나 다음 아미노산을 운반하라는 지시를 내린다. 모두 솜씨 좋게 이루어진다. 조면소포체에서는 리보솜이 컨베이어 벨트식으로 순서대로 단백질을 만들어 낸다(그림 2-13).

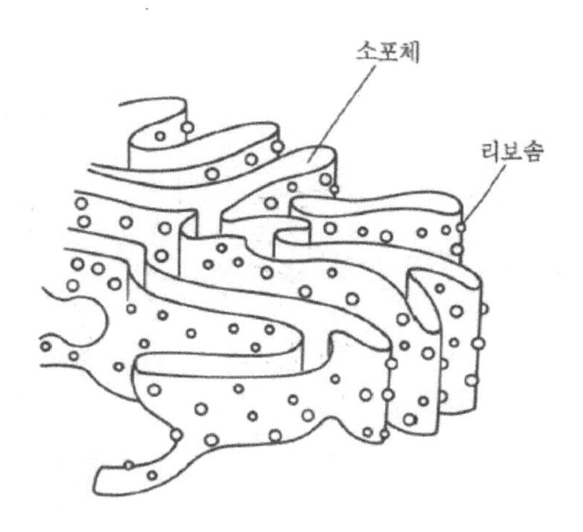

그림 2-12 | 조면소포체(막에 작은 입자가 많이 부착된 것)의 구조

리보솜은 마치 정교하게 만들어진 단백질 합성 장치라 할 수 있다.

그러면 mRNA의 염기 배열 정보는 어떻게 아미노산 정보로 변환되는지 살펴보자.

이는 서술한 바와 같이 mRNA의 세 문자 염기 배열(triplet codon)의 정보에 하나의 아미노산이 대응하며 시작된다. 예를 들어 UUA라는 코돈은 류신(leucine)이라는 아미노산을, GAC는 아스파르트산(aspartic acid)이라는 아미노산을 코드(code, 지령)하고 있다.

따라서 네 종류(G·A·U·C) 염기로 만들 수 있는 코돈의 수는 64가지(네 염기에서 임의로 셋을 뽑아 조합시킬 수 있는 수)가 된다. 한편 단백질을 만드는 아미노산의 수는 모두 20종이 있다. 그 결과, 한 아미노산의 코

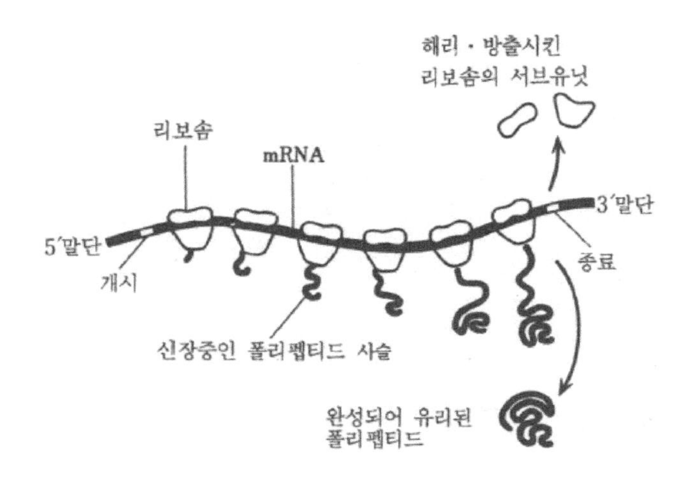

그림 2-13 | 번역 중인 리보솜과 mRNA. mRNA는 5' 말단을 선두로 여러 개의 리보솜을 통과한다. 그 결과 같은 단백질이 차례대로 여러 개 만들어진다(Alpard 등의 「세포의 분자생물학」에서).

돈은 여러 개가 된다.

흥미로운 점은 한 아미노산을 코드 하는 여러 개의 코돈(예를 들어, 류신은 UUA 외에도 다섯 개가 있다)을 사용하는 방법은 생물에 따라 다르다. 즉 생물종에 따른 코돈의 사용 빈도 또한 다르다.

여기서 진핵생물의 유전자를 원핵생물에서 읽거나 그 반대인 등의 경우에서, 코돈의 사용 빈도에 따라 숙주에 맞는 코돈을 사용하면 형질의 발현량이 증가한다. 이처럼 숙주에 맞는 코돈을 사용하는 일은 특히 대장균으로 고등동물의 단백질을 생산할 때 특히 중요하다. 또한 코돈

중 AUG라는 코돈은 번역의 시작을, UAG, UAA, UGA는 번역의 종료를 명령하는 코돈이다.

mRNA의 지령이 무사히 끝나고 완전한 단백질이 만들어지면, 이 단백질은 리보솜을 떠나 소포체(막상의 세포 내 기관) 속으로 끼어들어 목적 장소로 이동한다.

한편 역할을 끝낸 mRNA가 리보솜에서 떨어져 나오면 바로 리보뉴클레아제(ribonuclease, RNA 분해 효소)에 의해 분해되어 짧은 일생을 마친다. 이렇게 복잡한 과정을 거쳐 생산된 단백질의 수명은 수십 분에서 수십 시간에 지나지 않는다. 인간이 만든 기계는 이처럼 빠르게 부품을 교환하지는 않는다. 그에 반해 단백질의 세계에서는 현기증이 나도록 빠른 변화가 일어나는 것이다.

그렇다면 작용이 끝난 낡은 단백질은 어떤 운명일까.

사용한 낡은 단백질은 프로테아제(protease)라는 '부수기 담당'에 의해 분해되고 만다. 이 프로테아제의 주요 거점은 리소좀이라는 막상 주머니이다.

프로테아제는 여러 번 단백질을 분해하는 중에 자신의 구조가 일그러져서, 결국 다른 프로테아제에 의해 파괴되고 만다. 사용할 수 없게 되면 동료에게도 파괴되고 만다. 이러한 낡은 단백질은 원래 아미노산으로까지 분해된다.

그래서 일부는 요소가 되어 체외로 배설되나 아미노산 대부분은 다시 새로이 만들어지는 단백질의 재료가 된다.

우리의 일상 생명 활동은 대부분 단백질이라는 일꾼이 수행한다. 핵에 보존된 유전 정보는 핵 내에서의 전사, 세포질 내에서의 번역이라는 긴 과정을 거쳐 단백질의 형으로 생체를 유지하는 것이다.

미토콘드리아는 세포의 '아궁이'

세포 중에서 핵만 DNA를 가지고 있는 것은 아니다. 미토콘드리아의 엽록체에도 고유의 DNA가 있다.

이 두 세포 속 소기관은 이중 생체막을 가지는데, 남조류나 세균 같은 원시적 생물과 구조가 매우 비슷하다. 그러므로 두 세포 내 소기관은 옛날 미토콘드리아나 엽록체의 선조가 각기 큰 세포 중에 공생한 자취로 알려져 있다.

엽록체가 공생 때문에 생겨났을 가능성이 있다는 가설은 이미 1883년 독일의 심펠(Simpel)이 처음 주장했다. 또, 1890년 독일의 알트만(Altmann)도 미토콘드리아에 대해서 같은 의견을 내놓았다.

이런 가설에 유력한 근거를 제시한 것은 엽록체와 미토콘드리아 중에 DNA가 발견된 사실이다. 이는 1950년대부터 1960년대 사이 걸친 일이다.

그리고 캘리포니아대학 여성 생물학자인 린 마그리스(Lin Margulis)는 이들 사실과 지식을 함께 모아 흥미로운 엽록체와 미토콘드리아의

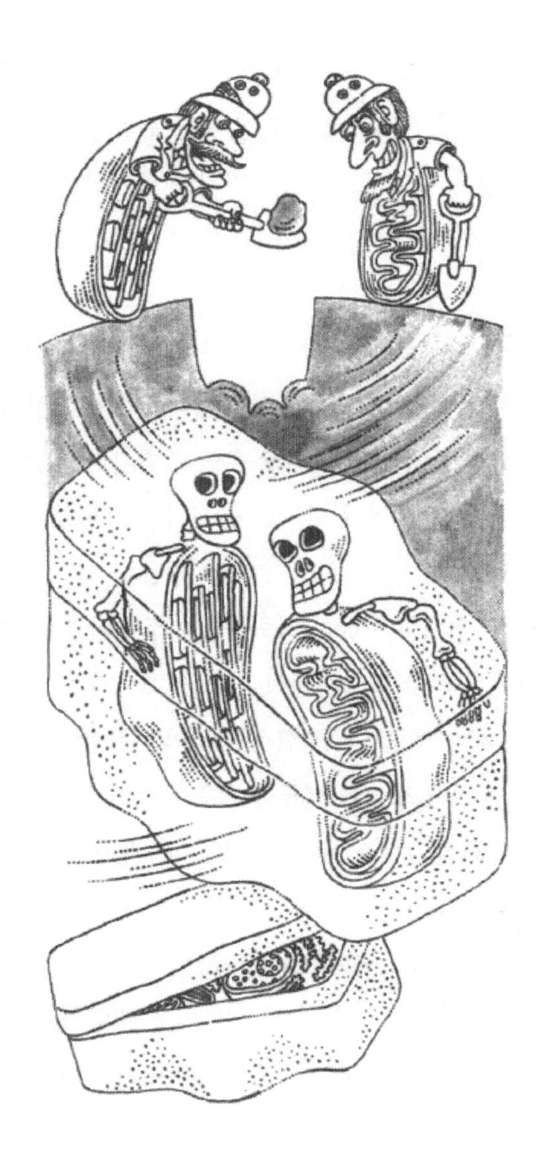

미토콘드리아와 엽록체는 아주 옛날 공생하고 있었다!?

공생설을 발표했다. 그녀가 1967년에 발표한 「연속 공생설」은 세포학이나 진화학 연구자 사이에 적지 않은 반향을 불러일으켰다.

그녀의 가설은 미토콘드리아의 기원이 혐기성 세균(산소에서 생존할 수 없는 세균)에 호기성 세균(산소가 없으면 살 수 없는 세균)이 끼어들어 함께 살며 공생하기 시작했다는 것이다.

태초 지구에는 산소가 부족했기 때문에 혐기성 세균이 만연했다. 그러나 남조류가 출현해 대기 중에 산소를 방출하기 시작하자 혐기성 세균이 살아가기 힘들어졌다. 그리고 우연히 혐기성 세균에 호기성 세균이 끼어들어 서로 도우며 살아가는 공생이 시작되었다는 것이 그녀가 가정한 내용이다.

끼어들어 간 혐기성 세균은 미토콘드리아가 되었고, 두 종류의 공생 생물은 화학적 구조를 조합시켜서 커다란 에너지를 얻게 되었다고 한다. 한편, 엽록체는 예로부터 광합성 능력이 있는 남조류였다고 한다.

이같이 어떤 생물이 다른 생물을 끼워 넣어 공생하는 현상은 지금도 볼 수 있다. 대표적으로 아메바가 균을 끼워 넣어 공생하거나, 진디에 균이 공생하는 현상을 볼 수 있다. 또한 세포 외에서 이루어지는 공생은 두과작물과 질소 고정 능력이 있는 근류균(根瘤菌)의 관계가 유명하다.

미토콘드리아나 엽록체의 공생설은 매우 매력적인 가설이다. 하지만 전과 다름없이 비판도 많으며, 세포 내막계가 발달해 생긴다는 '내생설' 또한 유력해 아직 결말이 나지 않고 있다. 어쨌든 미토콘드리아와 엽록체는 소기관들과 다르게 세포 내에서도 특수한 역할임이 확실하다.

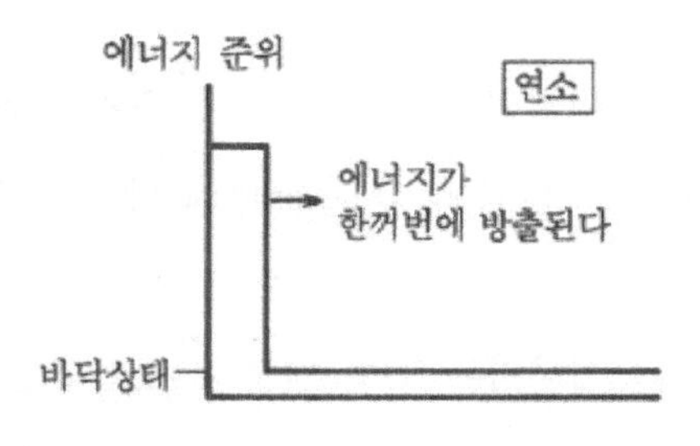

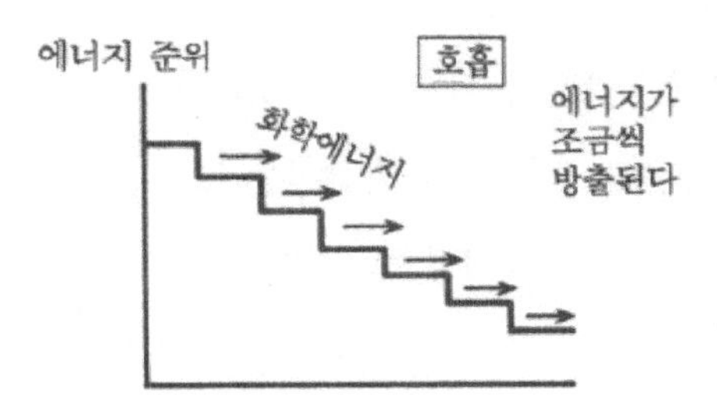

그림 2-14 | 보통의 연소와 호흡의 차이

그렇다면 미토콘드리아는 세포 내에서 어떤 임무를 수행할까. 간단히 설명하자면, 재료를 태워서 에너지를 만드는 일, 즉 호흡이다.

누구나 아는 현상이듯이, 물건이 타면 열이 발생한다.

그러나 미시적으로 들여다보면 이 현상은 연료의 물질 성분이 공기 중 산소와 결합하는 과정인 것을 알 수 있다. 이때 산소가 물질과 결합하는 것을 산화라고 한다. 호흡은 생체 내에서 '물건을 태우는' 일이며, 산소로 에너지를 생산하는 것이다. 미토콘드리아가 세포의 '아궁이'로 불리는 까닭이다.

미토콘드리아에서는 체내의 영양물질이 소화, 분해돼 생겨난 당 등의 물질이 호흡과 관련된 효소(cytochrome oxidase)에 의해 단계적으로 산화되고, 조금씩 화학에너지로 방출된다(그림 2-14).

미토콘드리아에서 화학에너지는 보통 ATP(Adenosine Triphosphate)라는 화합물로 저장된다.

ATP는 ADP(adenosine diphosphate)에 고에너지 결합으로 인산이 다시 하나 더 붙어 3인산이 된 것이다(그림2-15). 이 ATP는 '에너지의 통화(通貨)'로 불리는데, 에너지를 저장하는 고에너지 결합 부분이 불안정하므로 쉽게 에너지가 출입할 수 있어 생체반응의 에너지원으로서 매우 유효하기 때문이다. ATP는 생체 내 어디서나 유용한 에너지원으로 쓰인다.

호흡, 즉 산화로 얻어진 에너지는 '산화적 인산화'라는 반응을 통해

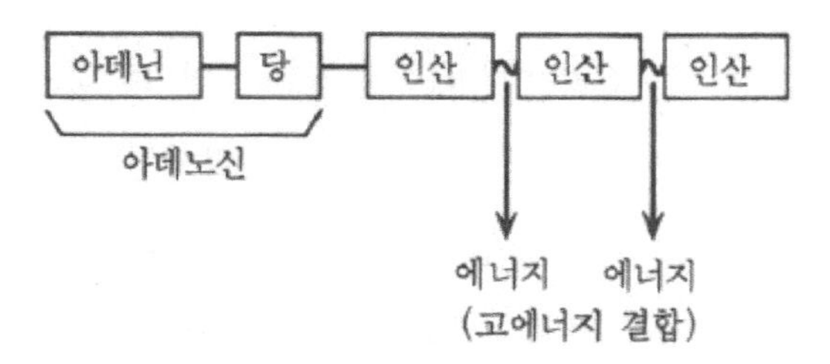

그림 2-15 | ATP의 구조. 왼쪽에서 두 번째와 세 번째의 인산 결합 부분이 높은 에너지를 갖고 있다.

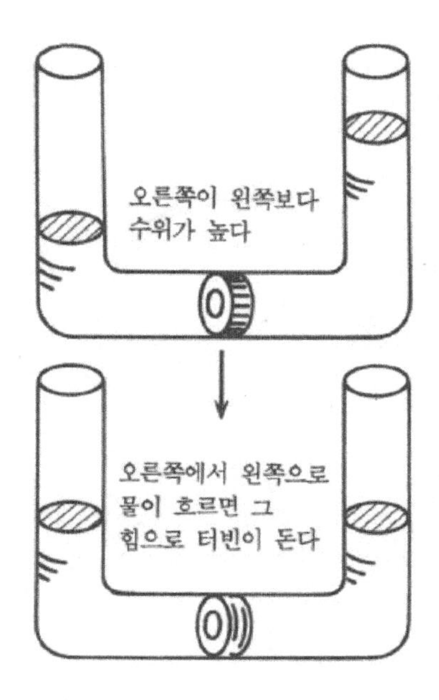

그림 2-16 | 수위 차를 이용하여 터빈을 회전시킨다.

ATP의 에너지로 변환된다.

그러면 이 인산화의 기구를 살펴보자.

여기 유리관을 U자형으로 구부린 연통관이라는 기구가 있다. 연통관을 예시로 인산화 기구를 관찰할 것이다.

먼저, 연통관의 한가운데 턱을 만들어 그 안에 작은 터빈을 설치한다. 그리고 왼쪽보다 오른쪽에 물을 많이 넣고 수위를 높인다. 그 상태에서 턱을 제거하면 터빈이 그 힘으로 회전한다. 수위 차가 높을수록

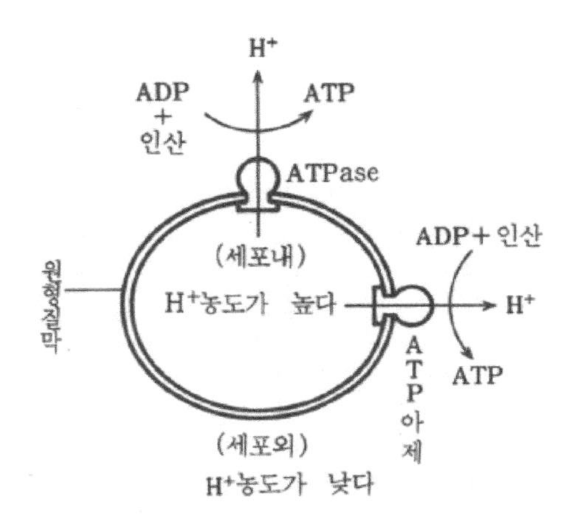

그림 2-17 | 화학 삼투압설. 막 내의 수소이온 농도가 높으면 ADP의 인산화가 촉진된다.

터빈의 회전력이 향상된다(그림 2-16). 터빈에 작은 발전기를 연결해 놓으면 회전력을 전기에너지로 변환시킬 수 있다.

미토콘드리아에서도 생체막을 이용해서 비슷한 일을 할 수 있다. 다른 점은 물 대신 수소이온(H^+)의 농도 차를 사용한다는 것이다.

인산화를 수행하는 효소(H^+-transporting ATPase)는 주로 수소이온을 생체막 안쪽에 부분적으로 존재시켜서 막의 안팎에서 수소이온 농도 차를 만들어 낸다(그림 2-17). 그리고 수소이온이 막 안에서 밖으로 밀려 나갈 때 ADP를 인산화하여 ATP로 바꾼다.

이와 같은 수소이온 농도 차를 이용하여 인산화가 이루어진다는 '화학 삼투압설'은 영국의 피터 미첼(P.D. Michell)이 제창했다(1961년).

제창 당시 대표적인 생화학 권위자들은 미첼이 가설에서 인산화 과정 중 '고에너지 중간체'라는 상상의 물질을 가정하고 사용했다는 이유로 거들떠보지조차 않았다.

하지만 자신의 설이 옳다고 믿은 미첼은 근무하고 있던 에든버러대학을 사임하고 영국의 플리머스(Plymouth)교회에 자비로 연구소를 세우고, 자신의 가설을 증명하는 데 전념했다.

다행히 그의 가설은 pH 미터 등의 간단한 장치로 측정할 수 있었기에 추가 시험을 지속할 수 있었고, 권위자들도 마침내 그의 설을 인정하게 되었다. 미첼은 이 공적을 인정받아 1978년도에 노벨상을 수여하였다.

미첼처럼 학계 권위자의 설이나 기존 설에 대립하는 가설을 제기하는 개척자들은, 많든 적든 학계의 무시와 이해하지 않는 태도 같은 거부적인 반응에 애를 먹곤 한다.

일찍이 천동설에 이의를 제기했던 코페르니쿠스나 갈릴레오를 비롯해, 뉴턴의 광입자설을 뒤흔드는 파동설을 주창한 영(T. Young), 원자의 입체적 구조를 주장하며 콜베(A. W. H. Kolbe)와 대립한 반트 호프(J. H. van't Hoff) 등 개척자들은 수없이 많았다. 그러나 역사는 올바른 설은 시간문제일 뿐 반드시 인정받는다는 것을 보여 주고 있다. 미첼의 설은 비교적 빠르게 인정받은 경우였다.

아궁이의 이상은 '불능'의 원인

미토콘드리아가 최근 식물육종 분야에서 주목받았다.

전술한 내용처럼 열매도 크고 수량도 많은 일대 잡종(R hybrid)이 미국의 옥수수 지대 등에서 재배된다. 이런 일대 잡종을 만드는 데는 화분의 생식 능력이 없는 웅성불임(수컷의 원인으로 열매를 맺지 않음)의 어버이를 사용하면 손쉽고 매우 효율적이다.

즉, 잡종 강세는 타가수분(다른 꽃의 화분에 의한 수정)으로 이루어지기 때문에 같은 꽃의 암술과 교배되지 않도록 수술을 제거해야 한다. 왜냐하면 일대 잡종에 나타나는 다수확은 서로 먼 어버이끼리의 교배에 의한 잡종 강세 현상에 기초하고 있기 때문이다. 그래서 웅성불임주를 사용하는 것은 수술을 제거하는 데 큰 품이 들지 않기 때문에 가장 이상적인 방법이다.

웅성불임주를 갖는 식물은 많다. 대표적으로 옥수수, 베고니아, 피튜니아, 사탕무 등이 잘 알려져 있다. 그러나 웅성불임 잡종 일대째(F_1)에서 완전 염성인 종자를 효율적으로 얻기 위해서는 세포질 웅성불임(CMS)을 활용하는 것이 가장 좋다.

세포질 웅성불임이란 어떤 원인에 의해 세포질이 웅성불임이 되는 유형이다(그림 2-18).

화분을 만드는 수술의 기능은 없어지나 암컷의 기능을 하는 암술 난세포의 수정능력은 남아 있다. 그래서 이 타입의 웅성불임주는 다른 꽃

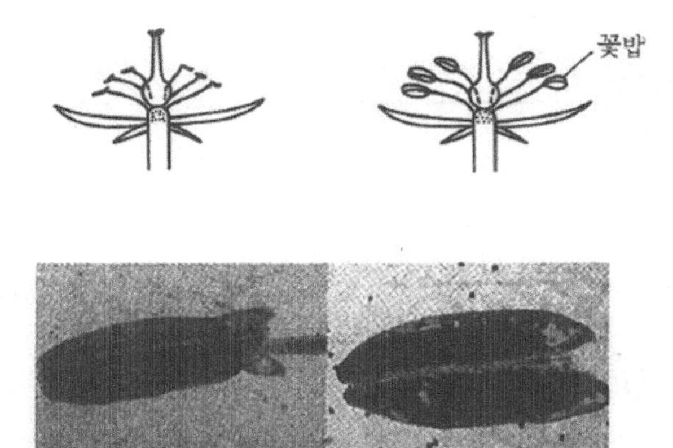

그림 2-18 | 수천의 화분으로 차 있는 정상적인 수술(오른쪽)과 한알의 화분도 들어 있지 않은 웅성불임의 수술(왼쪽)(사진은 「BRAIN 테크뉴스」에서).

의 화분에 의해서만 수정될 수 있어서 수분이 매우 수월해진다.

세포질 웅성불임이 되는 원인은 사실 미토콘드리아 때문이다. 그중에서도 옥수수의 세포질 웅성불임이 가장 많이 조사되었기 때문에 옥수수를 예로 자세히 살펴보기로 하자.

옥수수의 세포질 웅성불임은 세 종류(S. T. C형)로 분류된다. 그중 T형 세포질 웅성불임은 1960년대 후반에 옥수수의 일대 잡종을 만드는 데 크게 활용되었다. 그러나 1970년대에 갑자기 출현한 참깻잎마름병으로 결정적인 타격을 받아 육종에 이용하지 못하게 되고 말았다.

그때 유행한 참깻잎마름병균의 독소는 세포질 웅성불임주의미토콘드리아 막에 유별히 작용해서 호흡 저해를 일으킨다고 한다.

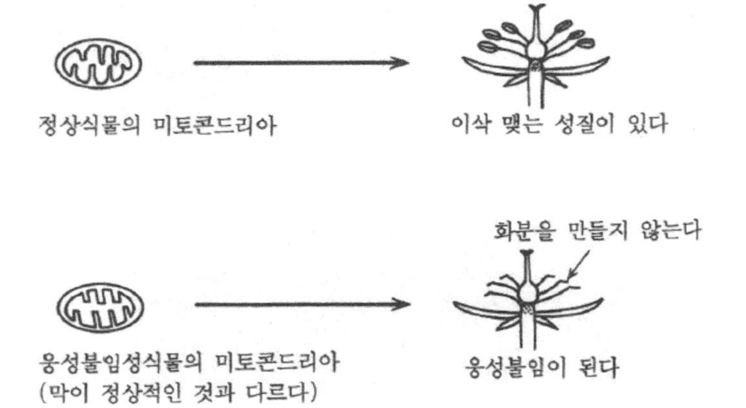

그림 2-19 | 미토콘드리아와 화분 형성

이 독소는 정상 옥수수의 미토콘드리아에는 작용하지 않았기 때문에 웅성불임주의 미토콘드리아가 표적이 된다고 생각되었다. 시간이 지난 후 미토콘드리아 막에 의한 단백질 중 하나가 표적인 것이 밝혀져 올바른 가설임이 입증되었다. 표적이 되는 단백질은 T형의 세포질 웅성불임주에 의해 특이적으로 합성되어 미토콘드리아의 막 기능에 어떤 장해를 일으키기 때문에 화분이 형성되지 않게 된다고 생각되고 있다(그림 2-19). 웅성불임의 원인이 더 확실히 밝혀지면 장래 인위적으로 웅성불임을 일으키는 것도 꿈은 아니다.

엽록체의 중심은 바이오 팁

엽록체와 미토콘드리아는 소위 겉과 속의 관계에 있다. 미토콘드리아가 호흡으로 당에서 화학에너지를 내는 일을 한다면, 엽록체는 당을 태양에너지와 물과 탄산가스로부터 만들어 내는 일을 한다.

인간을 포함한 모든 동물, 아니 생물 대부분은 광합성 식물에 생존을 의지하고 있다. 그리고, 인간은 아직 이 중요한 광합성 반응을 엽록체 없이 실험실에서 이룰 수가 없다.

만약 광합성이라는 화학 반응이 태고의 지구에 출현하지 않았다면 결코 이같이 많은 종류의 생물이 진화 과정에서 등장하지 않았을 것이다. 광 에너지를 당 등의 유기화합물 중에 저장할 수 있게 되어 비로소 생물이 고도로 복잡화해지고 분화되었다고도 할 수 있기 때문이다.

그럼, 이같이 중요한 일을 하는 엽록체의 구조와 기능은 어떤 것일까?

그림과 같이 엽록체의 구조는 라멜라, 그라나라는 막 구조와 스트로마라는 용액 부분으로 되어 있다(그림 2-20). 그리고 막 부분은 '명반응'을, 스트로마는 '암반응'을 담당하고 있다.

명반응이란 문자 그대로 빛을 모아 ATP 등의 높은 화학에너지를 갖는 화합물을 만드는 반응이다. 암반응은 그 에너지를 이용하여 탄산가스로부터 포도당을 만드는 반응이다. 엽록체의 기능은 이같이 두 가지로 나누어지며 그 기능은 그라나(명반응)와 스트로마(암반응)라는 구조로 구별된다. 처음 이루어지는 명반응은 최근까지도 전모가 밝혀져 있지

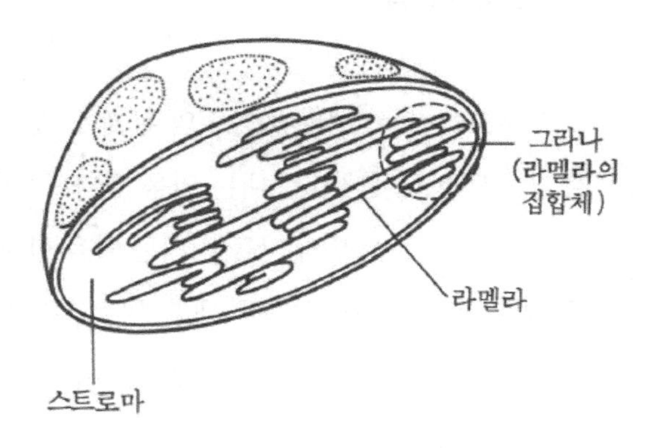

그림 2-20 | 엽록체

않았었다.

엽록체의 라멜라와 그라나를 살펴보면 광합성 색소를 다량 함유한 막 계가 발달해 있는 것을 알 수 있다.

이 광합성 색소는 클로로필(chlorophyll, 엽록소)이 주성분으로, 한 가지로 보이지만 실제로는 약 200분자씩의 기능 단위로서 분할되어 존재한다.

단위의 색소는 대부분 빛을 모으는 '안테나 색소'이다. 안테나 색소는 여러 파장의 빛을 잡아 그 에너지를 다른 색소 분자에 전달하는 역할을 한다. 그때, 가장 중요한 색소 분자는 단위 내에 한 개만 존재하는 '반응 중심'이라는 특수한 색소이다.

반응 중심은 안테나 색소가 모은 빛에너지를 화학에너지로 변화시

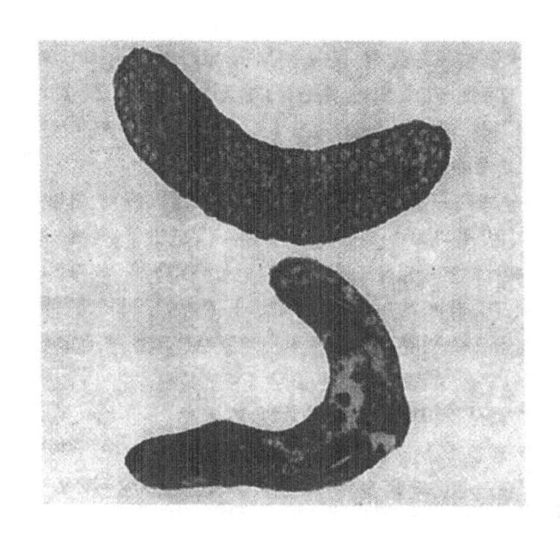

그림 2-21 | 두 종류 광합성 세균의 막 구조(中村運「遺傳」裳裝草房에서)

키는 작용을 한다.

반응 중심의 실체는 특수한 환경에 있는 클로로필 색소로 가정하고 있었지만, 추출이 힘들었기 때문에 긴 기간 손대지 못하고 있었다.

그러나 1982년, 독일의 막스 플랑크 연구소의 미헬(H. Michel)이 광합성 세균에서 반응 중심을 추출하는 데 과감히 도전했고 결정화까지 성공했다.

광합성 세균은 엽록체와 마찬가지로 클로로필의 일종인 박테리오클로로필(bacteriochlorophyll)로 광합성 한다(그림 2-21).

미헬은 X선 결정학자인 다이젠호퍼(J. Deisenhofer) 및 후버(R. Huber)와 조를 짜 3년에 걸친 X선 해석으로 반응 중심의 완벽한 입체구조를 밝힐 수 있었다.

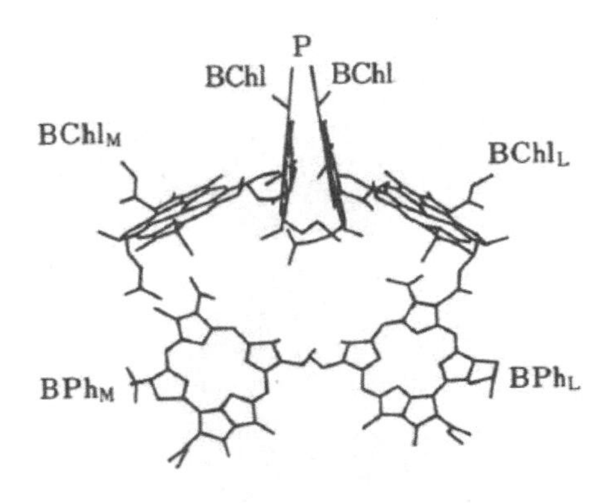

그림 2-22 | 반응 중심의 색소 부분의 구조. 두 가지의 박테리오 클로로필(BChl)로 이루어진 스페셜 페어(P)가 중심에 있다. (野澤康則「화학과 생물」학회출판센터에서)

얻어진 결정구조는 아름다운 대칭형이었으며, 그 중심에 박테리오 클로로필 두 분자로 되어 있는 이량체(dimer, 똑같은 분자 2개로 되어 있는 화합물)가 있었다(그림 2-22). 그리고 이 스페셜 페어(special pair)로 명명한 이량체야말로 광화학 반응 중심의 실체였다.

지금까지 구조가 어느 정도 예측되었으나 한눈에 이해할 수 있는 결과를 밝혀낸 것은 처음으로, 전자의 흐름이 반응 중심을 축으로 일목요연했다.

반응 중심은 분자 자신의 성질에 따라 구축되는 바이오 팁(biotip)과 같은 것으로 생각해도 좋다. 이 발견으로 미헬 등 세 사람은 1988년 노벨 화학상을 받았다.

약간 의미가 다른 광합성

광합성 세균과 달리 고등식물의 반응 중심은 두 군데이다.

하나는 긴 파장 영역의 빛을 모으는 반응 중심으로 P700이다. 또 하나는 짧은 파장 영역의 빛을 모으는 반응 중심으로 P680이라 한다.

광화학 반응계 II의 반응 중심 P680은 광합성 세균의 반응 중심과 매우 유사하다. 고등식물의 광합성은 광합성 세균이나 남조의 광합성에 비해 복잡하지만, 빛에너지를 화학에너지로 바꾸는 점은 유사하다.

이 반응 중심 II에서는 빛에너지를 사용하여 물 분자에서 전자를 뺐기 때문에 그 결과 산화된 물 분자에서 산소가 발생한다. 그러므로 식물이 만들어 내는 산소는 탄산가스에서 온 것이 아니고 물 분자가 분해돼 발생한 것이다.

그 후 빛에너지에서 변화된 화학에너지를 사용해 엽록체에서 ATP를 만든다. ATP 생산 과정은 기본적으로는 미토콘드리아에서 일어나는 산화적 인산화와 같다. 단, 미토콘드리아에서는 산화 에너지를 사용하는 데 반해 엽록체에서는 빛에너지를 이용하고 있으므로 '광인산화'라 한다.

엽록체의 명반응은 이런 순서를 통해 잡은 빛에너지를 광인산화에 의해 ATP의 화학에너지로서 저장하는 것이다. 이 과정에서 부산물로서 산소를 낸다.

광합성의 제반 기능 중 빛에너지를 화학에너지로 변환하는 일이나

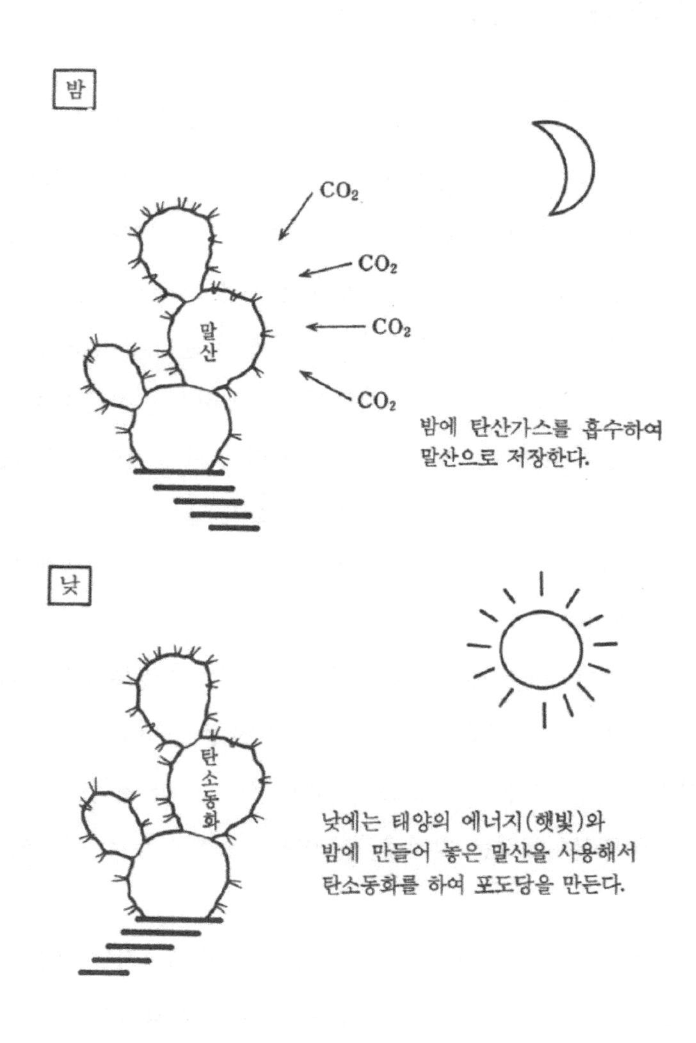

그림 2-23 | 사막에서의 선인장의 생활 지혜

산소를 공급하는 일은 이 같은 명반응이 담당한다. 그리고 암반응은 화학에너지를 당이라는 형으로 안정하게 저장하는 일을 담당한다.

암반응은 명반응과 달리 빛이 필요하지 않기 때문에 암반응이라 한다. 암반응은 매우 오래전부터 연구해 왔다. 방사성 동위 원소를 일반적으로도 사용될 수 있게 된 제2차 세계대전 후인 1940년대에 캘리포니아대학의 칼빈(Melvin Calvin) 등이 일찍이 연구하였다.

암반응의 회로는 몇 가지가 알려져 있다. 대표적인 것은 칼빈 등이 발견한 C_3 회로 (pentose 인산 회로 또는 칼빈 회로(Calvin cycle)라 한다)이다. C_3 회로 외에도 C_4 회로(C4 dicarbon산 회로)를 갖는 식물도 있다.

C_3, C_4라는 이름은 회로의 중심 화합물의 탄소 수가 세 개 (phosphoglyceate)인지, 네 개 (oxaloacetate)인지에 따라 구별된다. 모든 회로는 공기 중의 탄산가스를 취하며 포도당을 만든다는 점에서 동일하다.

특히, 암반응으로 C_4 회로를 갖는 식물, 즉, C_4 식물은 옥수수나 사탕수수류에서 많이 발견할 수 있으며, 빛에너지 이용 효율이 높아서 같은 빛의 양일 때 C_3 식물보다 수량이 많다.

전에 바이오테크놀로지 기법을 이용하여 C_4 식물의 광합성 능력을 C_3 식물인 밀과 벼에 도입하려는 시도가 있었다. 그러나 C_4 식물이라도 C_4 회로에서 광합성 하는 것은 사관(師管) 세포에 지나지 않고 엽육(葉肉) 세포는 광합성 하지 못한다.

지금까지도 간단하지 않은 과정으로 알려져 있다. C_4 식물은 진화상 C_3 식물보다 뒤에 출현했기 때문에 C_4 회로의 광합성은 한층 발전된 유형이라 할 수 있다. 그러나 같은 단자엽식물 중에서도 옥수수와 사탕수수는 C_4이지만 밀과 벼는 C_3이다. 이는 밀과 벼가 오래전부터 인간에 의해 재배되어 자연 도태되지 않았기 때문이라는 설도 있다. 인간 세계에서도 과보호하며 양육한 아이는 허약하듯이, 식물의 세계에서도 자유경쟁이 더 강한 식물을 만들어 낸다고 할 수 있다.

C_3, C_4 식물과 약간 의미가 다른 광합성을 하는 식물도 있다. 사막과 같은 열악한 환경에서도 생존할 수 있는 선인장 무리의 식물이 그렇다(그림2-23).

식물이 탄산가스를 마시기 위해서는 기공(氣孔, 잎에 있다)을 열어야 한다. 그러나 기공을 열면 탄산가스가 들어가는 대신 수분이 점차 증산하고 말아 물 부족으로 말라 죽고 만다.

그래서 선인장은 밤에 기공을 열어 탄산가스를 잔뜩 빨아들여 사과산으로 축적한다. 밤이므로 수분 증산을 최소한으로 억제할 수 있다.

그리고 낮에 햇빛이 차츰 들기 시작할 때 기공을 닫아 넘쳐나는 태양에너지로 광합성 한다. 사막의 식물만 가능한 생활의 지혜라 할 수 있다.

이 회로는 꿩의비름과의 식물에서 처음 발견되었기 때문에 꿩의비름형 회로(CAM)라 한다.

이런 여러 광합성 형은 환경에 적응한 식물을 탄생시켰으며 지구 전역에 식물이 번성한 원인이다. 그리고 이를 통해 동시에 인간을 포함한 동물계의 번영을 이룰 수 있었다.

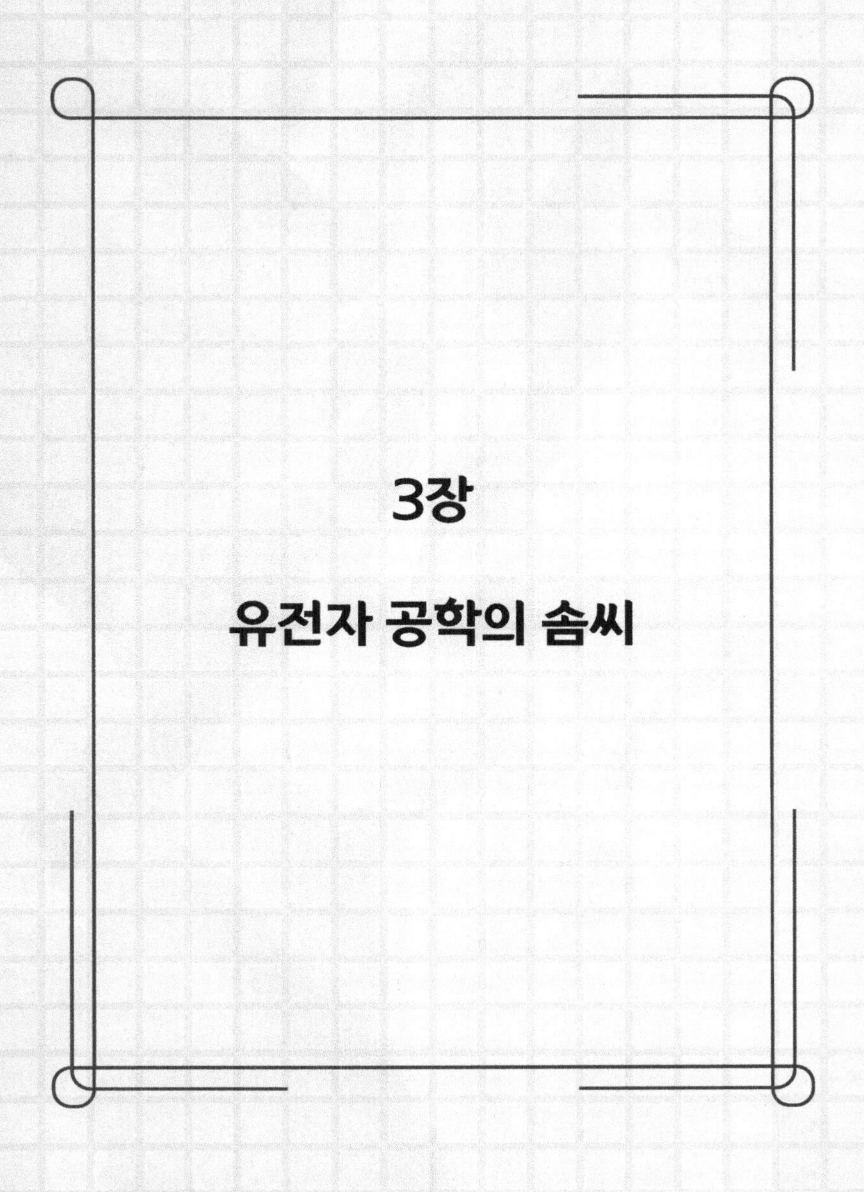

3장

유전자 공학의 솜씨

수십억 년을 15년 만에 거슬러 올라간다

최근 15년 사이 폭발적으로 발전한 학문 분야라면 유전자 공학을 빼놓을 수 없다.

유전자(DNA)를 재조합하거나 새로운 유전자를 도입하는 것은 지금까지 생체 내에서 자연스럽게 이루어지는 것에 한정되어 있었다. 가장 일반적인 인위적 방법은 새로운 유전자를 교배하여 얻어진 자식이나 종자에서 목적하는 것을 찾는 것이었다. 그 외에는 자연히 일어나는 돌연변이를 기다리던지, 고작해야 방사선 처리로 유전자에 인위적 변이를 일으키는 방법 정도였다.

이런 우연에 의한 조합이나 돌연변이에 의지하는 방법에 한계가 있다는 것은 말할 필요도 없다. 즉 교배로 도입될 수 있는 유전자는 근연(近緣)뿐이다. 그러므로 원숭이 유전자를 사람이나 개에 도입하는 일은 아무리 교배 기술이 발달하였다 해도 도전이 불가능한 일이었다.

그때 유전자 공학이 나타났다. 유전자 공학이란 간단히 말하자면 시험관 안에서 DNA를 끊거나 연결해서 조작하는 기술이다.

별것 아니라 생각할 수도 있지만 이 기술엔 교배 기술을 뛰어넘는 중대한 의의가 있다. 수많은 유전자 공학 기법 중에서도 가장 중요한 것은 DNA를 임의로 조환(組換)해서 증식시키는 재조합 기술과 DNA 염기 배열 결정법일 것이다.

재조합 기술로 특정 DNA 조각을 클로닝(같은 염기 배열을 많이 늘린다)

하는 것은 재조합 DNA를 만들 수 있을 뿐 아니라 DNA의 정보 해석에도 필수 불가결한 기술이다. 또, 재조합 DNA를 대장균이나 효모의 발현 벡터(유전자의 운반체)에 업히면 유전자가 지령한 단백질이나 펩티드를 대량으로 생산할 수 있다.

그러므로 재조합 기술의 발달은 학계뿐 아니라 산업계에도 커다란 반향을 일으킬 것이다. 재조합 DNA를 사용해 의약품을 생산하는 획기적인 방법은 기업가들을 불러일으켜 많은 벤처 비즈니스가 차례차례 탄생하게 하였다.

한편 연구자들은 염기 배열 결정법으로 DNA 자체를 해석해 감춰져 있는 유전 정보를 완전히 밝혀냈다. 생물이 수억 년 혹은 수십억 년이나 걸쳐서 쌓아 올린 축적 정보인 DNA를 인간이 해독할 수 있게 된 것이다.

그 결과 고대 이집트의 로제타석을 해석한 사건처럼 생명 활동의 신비한 부분을 해독할 수 있게 되어 생물학의 정보에 홍수가 범람할 정도로 새로운 지식과 견해가 속출하였다. 지금은 제임스 왓슨(James Watson)을 중심으로 인간 유전자의 전체 염기 배열(Sequence)을 결정하려는 움직임도 있다.

유전자 공학은 태어난 지 아직 15년 정도밖에 되지 않았으나 이미 생물학 구석구석 침투하여 이제는 없어서는 안 될 기술이 되고 말았다. 새로운 유전자 공학 학술잡지가 지속적으로 창간된다는 점이 그것을 증명한다.

그러나 결정적으로 유전자 공학을 실질적으로 발전시킨 것은 DNA를 자르거나 붙이는 제한 효소와 리가아제(Ligase)의 발견이었다.

'toot'가 열쇠

앞에서 살짝 언급했지만, DNA를 선택적으로 자를 수 있는 제한 효소는 1968년 스위스 취리히공과대학의 베르너 아르버(Werner Arber)가 발견했다. 그는 대장균이 밖에서 침입하는 파지(phage, 대장균에 기생하는 바이러스와 같은 작은 생물) DNA를 선택해 자르는 현상에 주목하였다. 대장균은 저 자신의 DNA는 절단하지 않았는데, 아르버는 이 현상에 특정 효소가 관여한다는 것을 알아냈다.

이 효소는 자기의 DNA는 분해하지 않고 밖에서 들어온 DNA를 선택적으로 제한해서 분해하였고, 이에 따라 제한 효소라는 명칭이 붙었다. 이 발견 이래 수많은 미생물에서 여러 제한 효소가 발견되어 지금까지 밝혀진 제한 효소가 총 300종 이상에 달한다.

선택적으로 DNA를 절단하는 제한 효소는 다른 DNA 분해 효소와 크게 다른 특징을 가지고 있다. 대부분 제한 효소는 파린드롬(Palindrome, 회장 배열)이라는 구조의 염기 배열을 인식하여 해당 부분을 끊어 낸다는 점에서 제한 효소는 다른 효소와 차이를 보였다.

파린드롬 구조란 'toot'처럼 앞부터 읽어도, 뒤에서부터 읽어도 같

파린드롬

은 배열인 구조를 의미한다.

예로서, 존스홉킨스대학의 해밀턴 스미스(Hamilton Smith)가 최초로 분리한 제한 효소(Hind Ⅲ)는

```
TTCGAA
||||||
AAGCTT
```

라는 염기 배열을 인식한다. 윗줄을 오른쪽에서 왼쪽으로 읽어도, 아랫줄을 왼쪽에서 오른쪽으로 읽어도 같은 순서가 된다.

Hind Ⅲ이라는 제한 효소는 이 염기 배열을

```
TTCGAJ ¦A
  -------
A¦ 1AGCTT
```

와 같이 절단한다.

그 결과, Hind Ⅲ으로 절단한 조각은 두 개가 모두 똑같다. 동일 제한 효소로 자른 자리가 똑같으면 다른 생물에서 취한 DNA로도 다시 연결할 수 있다. 즉, '재조합 DNA'를 만들 수 있는 것이다.

나머지 재조합 DNA를 만드는 데 필요한 것은 두 가닥 DNA를 결합하는 접착제와 같은 효소이다. 이를 DNA 리가아제라 부르며 1967년 스탠퍼드대학의 리만(Leeman)을 비롯한 다섯 개의 연구실에서 동시 발견됐다.

제한 효소와 DNA 리가아제라는 두 효소가 발견되면서 비로소 재조합 DNA를 만드는 것이 정형화되었다(그림 3-1).

1972년, 스탠퍼드대학의 폴 버그(Paul Berg)가 처음 재조합 DNA를

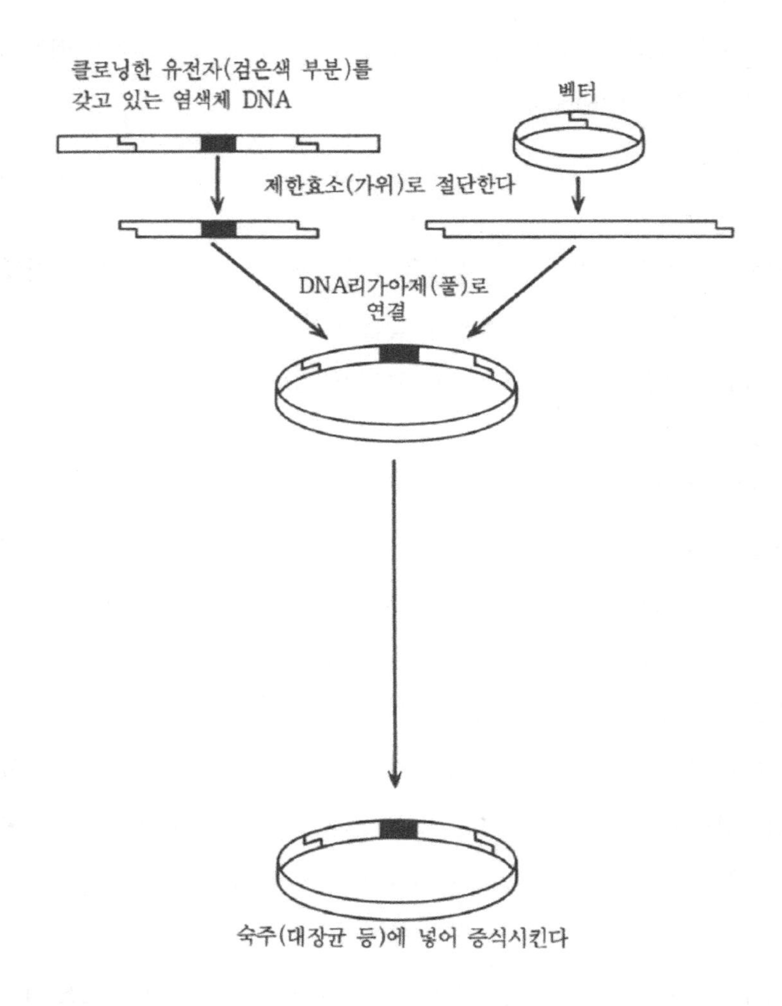

그림 3-1 | 재조합 DNA의 조제

만드는 것에 성공했다.

당시에는 제한 효소를 활용하는 것이 아직 일반적이지 않았기 때문에 버그는 제한 효소를 사용하지 않고 화학적으로 염기를 결합하는 방법으로 상보적 DNA 절단면을 만들어 재조합 DNA를 처음 만들었다. 그 후에 재조합 DNA를 숙주 세포에 도입만 하면 되었다.

그러나 이미 몇 명의 연구자들은 재조합 DNA가 갖는 중요한 의미를 인식했으며 버그에게 유용성과 동시에 환경에 미치는 위험성을 지적했다. 재조합 DNA 실험을 진행할 때 준수해야 할 실험 지침의 필요가 왕성하게 논의되었고 그 결과 저명한 학자들이 모여 1975년 아슈로마(Ashroma)에서 회의가 개최되었다. 이는 많은 독자가 알고 있는 유명한 일일 것이다.

버그는 이런 위험성에 가장 민감히 반응했던 사람이었다. 그는 연구실에서 일껏 만든 재조합 DNA를 실제로 동물 세포에 활용하지 못하고 연구를 중지하고 말았다. 그러하여 과학계에는 재조합 실험에 신중히 대응하는 2년 정도의 냉각 기간이 생겼다.

재조합체 등장하다

버그가 재조합체에 의한 바이오해저드(Biohazard, 생물 재해)의 위험성을 인식하고 실험을 중지하였을 때, 캘리포니아대학의 하버트 보이어(Herbert Boyer)의 연구실에서 아르버가 발견한 제한 효소, Eco RI가 분리 정제되었다.

버그의 실험은 생물학자에게 커다란 영감과 충격을 주었으나 그의 방법을 사용하여 재조합 DNA를 만드는 사람은 없었다. 그만큼 그 방법이 어려웠기 때문이다. 그러나 앞서 말한 바와 같이 제한 효소를 사용하면 버그가 복잡한 방법으로 힘들여 만든 재조합 DNA를 매우 간단하게 만들 수 있었다.

보이어는 스탠퍼드대학의 스탠리 코헨(Stanley Cohen)과 함께, 지금은 일반화된 제한 효소를 사용하는 방법을 통해 최초로 재조합 실험을 진행했다. 코헨이 갖고 있던 플라스미드(Plasmid, 세균 속에서 자율적으로 증가하는 작은 DNA 분자) 컬렉션 중에 PSC 101이라는 플라스미드가 있었다. 여기에 카나마이신(kanamycin) 내성을 가진 유전자를 삽입하였다. 그리고 재조합 플라스미드는 숙주인 대장균을 보기 좋게 카나마이신 저항성을 만드는 데 성공했다. 이것이 세상에 처음 나온 재조합체 제작 실험이다. 버그가 조환 DNA를 만든 뒤 약 2년 후인 1973년의 일이었다. 다음 해, 보이어 등은 아프리카 발톱개구리의 DNA를 대장균에서 발현시켰다. 이는 다른 DNA도 역시 대장균에서 발현시킬 수 있는 것을 보여 준 최초의 실험이었다. 그 이후로 지금까지 미생물 DNA를 비롯해 고등생물의 여러 DNA가 대장균이나 효모 등에서 차례로 발현되고 있다.

이처럼 어느 생물의 DNA(예를 들어 인간의 전체 DNA)에서 특정 DNA(예를 들어 인슐린의 유전자)를 분리하여 적당한 벡터에 조합해 대량 증폭시키는 일을 클로닝이라 한다. 클로닝이라는 명칭의 유래가 된 클론은 같은 종류가 증식하는 것을 의미한다. 식물 등의 영양 증식(분열로 늘어나는 것)이나 클론 동물이 양친과 자식, 또는 형제간에 완전히 같은 유전자를 갖는 동물을 일컫기도 한다. 클로닝을 할 경우, 유전자의 운반을 담당하는 벡터가 필요하며 복제(클론)하려는 유전자(DNA)가 분리되어 있어야 한다.

그러나 유전자 분리가 매우 어려울 때도 있다. 막대한 수의 유전자(DNA)에서 단 한 개의 유전자를 찾아내야 할 때도 있다. 이 작업을 스크리닝(Screening, DNA를 체로 쳐 거르는 일)이라 한다.

스크리닝 중에는 발현 벡터를 사용한 쇼트건 클로닝(shotgun type cloning)이라는 방법도 있다. 이는 목적 유전자를 함유한 DNA를 제한효소로 작은 단편 DNA를 끊어 임의의 발현 벡터에 조합시켜 넣는 방법이다. 발현 벡터란 조합한 DNA 정보를 숙주 속에서 발현시키기 위한 벡터를 의미한다.

예로서 이 벡터를 사용하여 약제 내성을 가진 한 유전자를 스크리닝한다고 해 보자. 해당 약제 내성 유전자를 포함한 긴 DNA를 작게 잘라 벡터에 조합시켜 숙주(예로서 대장균)에 넣는다. 재조합체(재조합 DNA가 들어 있는 숙주) 중에 약제 내성인 유전자를 받아들여 약제 내성이 발현된 것이 더러 나타난다면, 약제 내성이 된 재조합체는 선택 배지(그 약제가 들어간 배지)에서 생존할 수 없으므로 목적하는 것만 남게 된다. DNA를

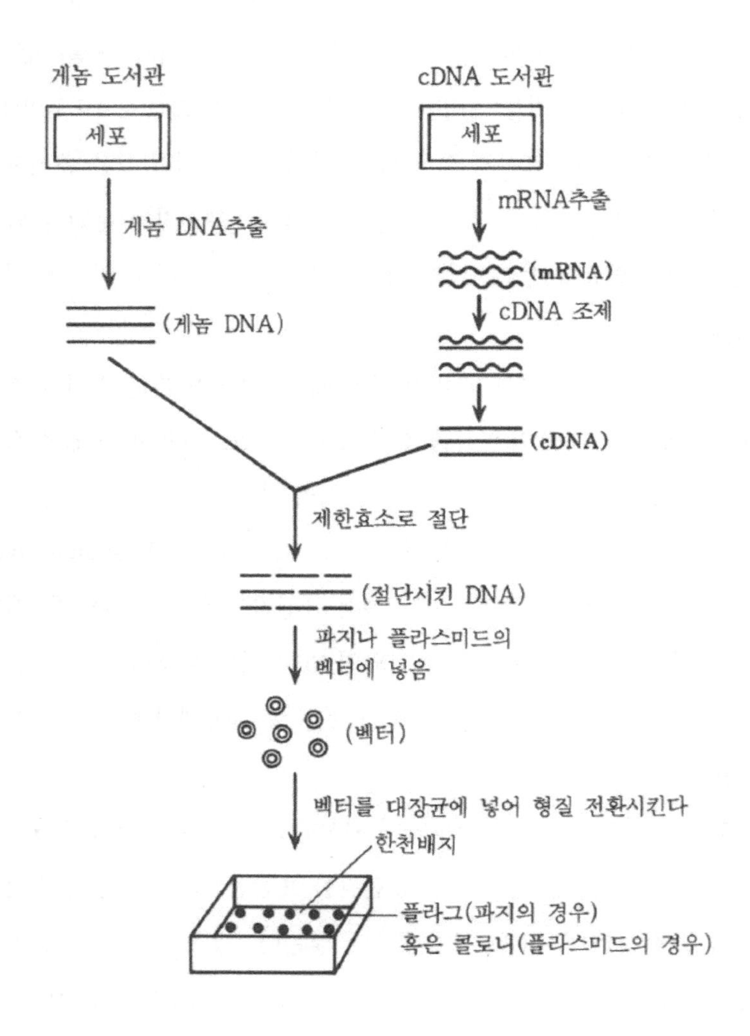

그림 3-2 | 유전자 도서관 제작법

아무렇게나 잘라 재조합체를 만들면 그중에서 하나라도 목적하는 것이 나타날 것이라는 의미에서 쇼트건(산탄총)법이라 한다.

그러나 세상에는 이 방법으로 얻어낼 수 없는 유전자도 있다. 특히 진핵생물은 인트론이 있어서 DNA를 벡터에 실어 대장균에 넣기만 해서는 발현되지 않는다. 거기다 DNA 양도 고등생물일수록 커진다. 그러므로 좀 더 교묘한 방법이 필요해진다.

매우 편리한 유전자 도서관

무엇인가를 탐구하고 싶을 때 도서관은 크게 도움이 된다. DNA의 막대한 정보도 도서관처럼 정리, 분류, 보존을 거쳐 필요할 때 목적하는 것만 꺼낼 수는 없을까?

이런 발상에서 유전자 도서관(gene library)이라는 것이 탄생했다. 유전자 도서관에는 mRNA에 대해 상보적인 DNA(complimentary DNA, 즉 cDNA라 한다)를 만들어 넣은 cDNA 도서관과 핵에 원래 있는 DNA(genome DNA라 한다)를 재료로 한 게노믹 DNA(genomic DNA) 도서관이 있다.

cDNA 도서관은 cDNA를, 게노믹 DNA 도서관은 핵에 있는 염색체 한 세트의 전 DNA를 제한 효소로 자른 것을 각기 벡터에 조합해 대장균에 도입시킨 재조합체의 집단이다(그림 3-2).

인간의 세포 한 개에는 길이로는 1m, 수로는 56억 개의 염기 배열이 있다!

생물 발생 과정의 어떤 특정 시기나 특정 기관에서 다량 발현하는 유전자의 분리에는 cDNA 도서관이 매우 도움이 된다. 게노믹 DNA 도서관은 모든 정보를 가지고 있으며, 유전자 수는 막대하기 때문이다. 그래서 필요한 유전자가 업혀 있는 mRNA로 표적을 좁히면 스크리닝 하는 수를 크게 줄일 수 있다. 또, 게놈 DNA는 보통 한 세포 당 한 카피인 데 비해 게놈 DNA에서 유래하는 mRNA는 수만 카피이므로 목적 유전자를 찾아내기 압도적으로 쉬운 것도 큰 이점이다.

이렇게 하여 cDNA 도서관은 1974년 컬럼비아대학의 톰 마니아티스(Tom Maniatis)가 토끼의 베타 글로빈(β-globin) 단백질의 mRNA를 재료로 처음 만들었다.

마니아티스의 방법을 예로 들어 cDNA 도서관을 만드는 법을 간단히 설명하겠다. 먼저 베타 글로빈 단백질을 다량 생산하고 있는 조직에서 mRNA를 추출한다. 그리고 추출한 mRNA를 주형으로 cDNA를 만들고, 이를 벡터에 조합하여 대장균에 도입시킨다. 이 대장균 콜로니(Colony, 세포군)가 베타 글로빈 단백질의 cDNA 도서관이 된다. 다른 단백질 또한 마찬가지 방법으로 cDNA 도서관을 만들 수 있다.

그리고 필요에 따라 이들 대장균(재조합체)을 선별하면 목적하는 mRNA(실제로는 그 cDNA)를 찾을 수 있다.

예로서 발현 벡터를 사용하여 cDNA 도서관을 만든다면 항원 항체 반응(특정 단백질에 대해서만 나타나는 면역 현상)을 이용하여 목적 단백질이 발현되고 있는 재조합체를 찾아낼 수 있다. 스크리닝 방법은 이 외에도 여럿 개발되어 있다.

그뿐만이 아니다. 이렇게 하여 얻어진 mRNA를 기초로, 게노믹 DNA 도서관에서도 목적 유전자를 찾을 수 있다. 예를 들어 인간의 세포 하나에 존재하는 유전자는 전체 약 1미터 길이이며, 막대한 56억 개의 염기 배열을 갖고 있지만 cDNA 도서관을 활용한다면 매우 쉽게 목적 유전자를 입수할 수 있다.

유전자 분리 방법은 일진월보로 나아가고 있으나, 최신 클로닝 기술을 이용해도 목적 유전자를 얻기는 매우 어렵다. 그러나 일단 분리되기만 한다면 유전자 수를 몇만 배, 몇억 배까지도 증폭시킬 수 있는 것이 클로닝의 가장 큰 장점이다. 그리고 순화되어 증폭된 DNA 단편에서 새로운 재조합 DNA를 만들 수도 있고, 그 DNA 위에 실린 유전자의 해석이나 발현에도 사용할 수 있다. 그런 의미에서 클로닝 기술은 유전공학의 가장 기본이 되는 기술이라 할 수 있다.

보이지 않는 염기 배열 방식을 보다

유전자 공학의 기본 기술인 클로닝과 함께 시퀀스(Sequence)법, 즉 염기 배열의 결정법은 각 방면에 큰 영향을 주었다. 이 기술은 분자 유전학뿐 아니라 기존 생물학의 제반 분야에 비약적인 발전을 가져다주었다.

시퀀스법은 1977년, 같은 시기에 두 가지 방법으로 각각 개발됐다. 하나는 미국 하버드대학의 앨런 맥삼(Allan Maxam)과 월터 길버트(Walter Gilbert)에 의한 맥삼-길버트법(Maxam-Gilbert Sequencing)이고 또 하나는 영국 케임브리지에 있는 MRC 연구소의 프레더릭 생어(Frederick Sanger)가 개발한 다이디옥시법(Dideoxy Method)이다.

시퀀스법의 원리는 A, T, G, C가 계속 연결되어 만들어진 DNA를 A, T, G, C 각 부분에서 분리하여(절단 등으로) 그 배열을 알 수 있는 것이다.

예로서 지금 6개의 염기

A-A-C-G-T-G

로 된 배열이 있는데 그 정보를 모른다면 어떻게 알아낼 수 있을까? 이 배열을 위에서부터 차례대로 잘라 보면

A

A-A

A-A-C

A-A-C-G

A-A-C-G-T

A-A-C-G-T-G

와 같은 6개의 단편이 생긴다. 이를 작은 것부터 큰 것으로 차례대로 분리한다. 그러나 이것만으로는 염기 배열을 알 순 없다.

이번에는 각 단편의 가장 끝 염기가 무엇인지 알고 있을 때이다. A이

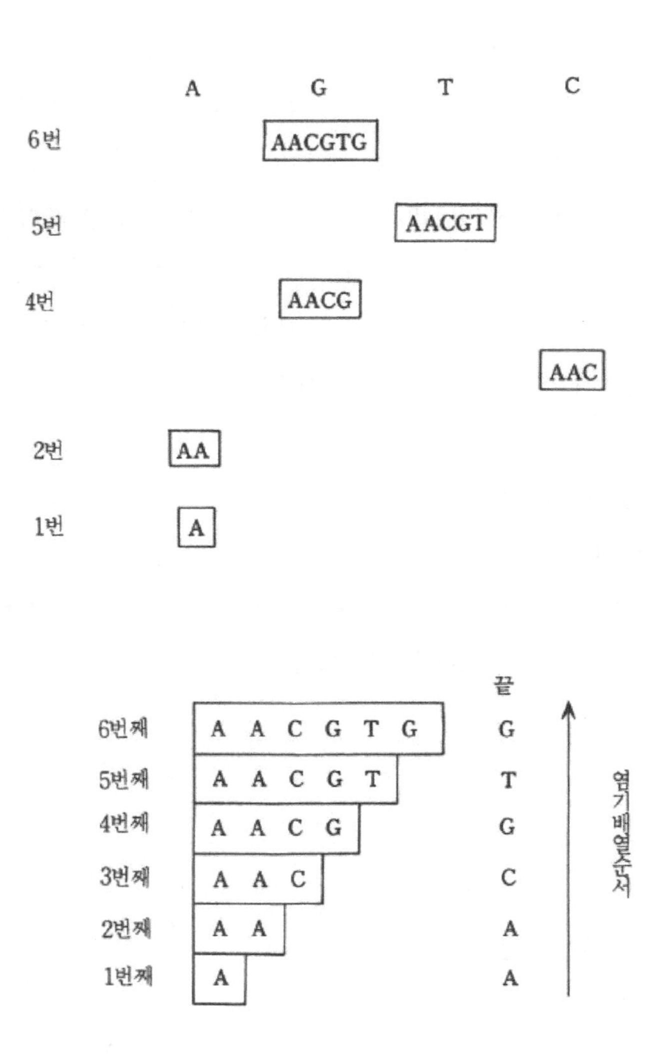

그림 3-3 | 시퀀스법의 원리

면 A로 끝나는 것, C이면 C로 끝나는 것을 모아 분리하여 보자. A, G, T, C로 끝나는 것을 각기 긴 것부터 작은 것으로 순서대로 분리한다(그림 3-3).

그림의 위쪽 A열에서는 끝이 A로 끝나는 것, G열에서는 G, T열에서는 T, C열에서는 C로 각각 끝나는 것을 모았다. 이것을 차례대로 늘어놓은 것이 바로 그림 아래에 있다.

가장 긴 단편(6번)은 G열이므로 끝이 G인 것을 알 수 있다. 그다음으로 긴 단편(5번)은 T열이므로 끝이 T이다. 이처럼 긴 것부터 차례대로 끝의 염기를 알고 있을 때, 위에서부터 순서대로 늘어놓으면 끝은 모여서

G-T-G-C-A-A

가 된다.

이제 처음으로 돌아가 알고 싶었던 배열을 생각해 보자. 그 배열은

A-A-C-G-T-G

였다. 즉, 지금 조사한 배열을 밑에서부터 위로 읽은 것과 마찬가지다.

시퀀스법의 원리는 이런 식으로 간단하지만, 이를 실제 실험으로 조사하기는 어렵다. DNA 단편의 각 끝(3' 측)이 A, G, T, C 중 어느 것인지 알아내기가 어려우며, 염기 하나 정도의 미세한 길이 차이를 분리하는 것 또한 어렵다.

다행히, 이 분리법에 대해서 생어가 이미 문제를 해결했다.

꼬리를 능숙하게 잡는 법

DNA는 마이너스 전하를 갖고 있어서 전류를 흘리면 이동한다. 이 성질을 이용하여 DNA를 지지체(polyacrylamide라는 한천 상의 특수한 겔)에 실어 전류를 가해 분리할 수 있다. 이를 전기영동(electrophoresis)법이라 한다(그림 3-4).

생어는 예전부터 있던 전기영동법을 개량하여 매우 얇은 겔에 고전압을 거는 방식으로 겨우 염기 하나의 차이밖에 없는 DNA 단편을 분리할 수 있었다.

문제는 '어떻게 DNA 단편 끝을 알아내는가'였다.

이 문제에 대해서 맥삼-길버트법과 생어법은 전혀 다른 방법을 사용한다.

먼저 맥삼-길버트법부터 살펴보자. 이 방법의 특징은 DNA 쇄의 A, G, T, C 네 염기를 화학 시약을 활용해 선택적으로 끊는 것이다. 당시 길버트는 DNA와 그 전사효소(DNA polymerase)의 상호작용을 조사하고 있었다. 그것을 상세하게 밝히기 위해 그는 RNA 폴리머라제가 결합하는 DNA 부분의 염기 배열을 알고 싶어 했다.

마침 그때 DNA에 메틸기(methyl group)를 붙이는 연구를 하고 있던 안드레이 미르자베코프(Andrei Mirsabekow)라는 연구자가 길버트의 연구실에 왔다. 미르자베코프는 메틸화를 일으키는 디메틸황산(dimethyl sulfonate)은 DNA의 G만을 메틸화한다고 하였다.

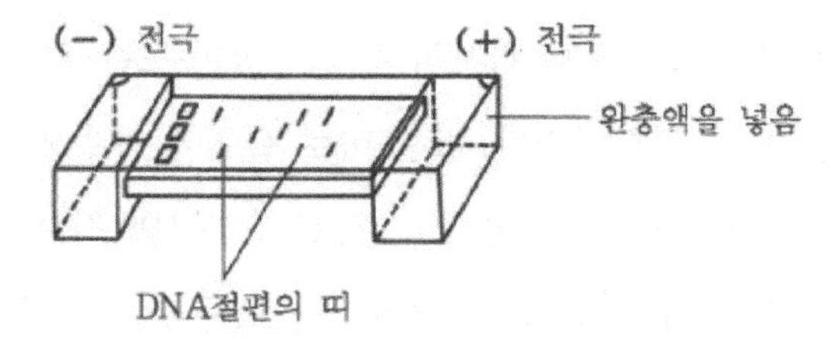

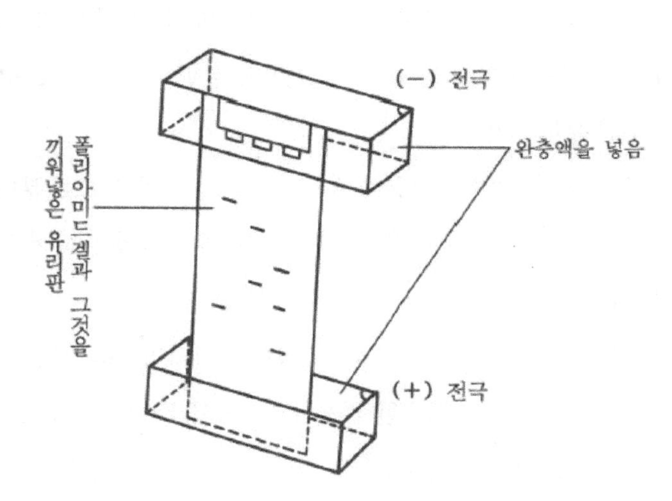

그림 3-4 | 전기영동법. 음극에서 양극으로 전류를 흐르게 하면 DNA, RNA 및 단백질을 분리시킬 수 있다.

어느 날 맥삼, 미르자베코프와 함께 점심 식사 중 잡담을 나누던 길버트는 문득 떠오르는 것이 있었다.

그것은 DNA를 디메틸황산으로 메틸화해 열처리한 후, 다시 알칼리 처리를 거치면 메틸화된 G 위치의 화학 결합이 느슨해져 DNA 쇄가 잘리지 않을까 하는 생각이었다. 그는 바로 실험에 착수해 아이디어를 확인했다(그림 3-5). 만약 다른 염기 A, T, C 또한 선택적으로 해당하는 염기 위치를 절단할 수 있는 약품이 있다면 모든 단편의 끝을 알 수 있을 것이었다.

운이 좋게도 그는 그런 시약을 찾아낼 수 있었다. 히드라진(Hydrazine)이라는 시약으로 C를 선택해 분해할 수 있었다. 또, 히드라진의 조건을 바꾸면 T도 분해할 수 있었다. 한편 수산화나트륨(NaOH)은 A를 우선 분해하였다.

길버트는 화학 시약을 활용해 A, T, G, C를 선택적으로 분해할 수 있었고 이를 통해 절단부의 염기가 무엇인지 알 수 있게 되어 DNA의 염기 배열을 처음으로 결정할 수 있었다.

한편 생어 등이 개발한 방법은 DNA 폴리머라제를 사용하는 방법이다. DNA 폴리머라제는 한 가닥 DNA에서 두 가닥 DNA를 복제하는데, 그때 DNA를 구성하는 각 염기 A, G, T, C 대신 그 유사체(dideoxynucleotide)를 가하면 두 가닥의 합성이 멈춰 버린다.

다이데옥시뉴클레오타이드는 A, G, T, C의 각 데옥시뉴클레오타이드와 구조가 매우 비슷하다. 그래서 DNA를 복제할 때에 DNA 폴리머

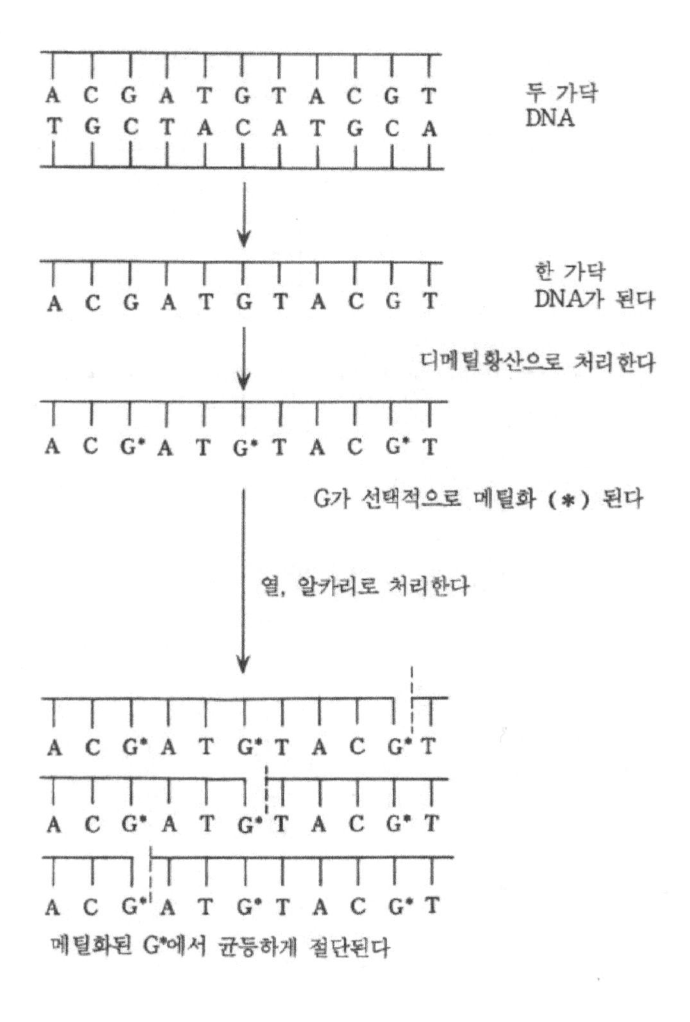

그림 3-5 | 디메틸황산으로 구아닌 부분을 선택적으로 절단하는 길버트법.

한 가닥DNA(예 A-A-C-G-T-G)로부터
두 가닥DNA를 합성하는 반응을 한다

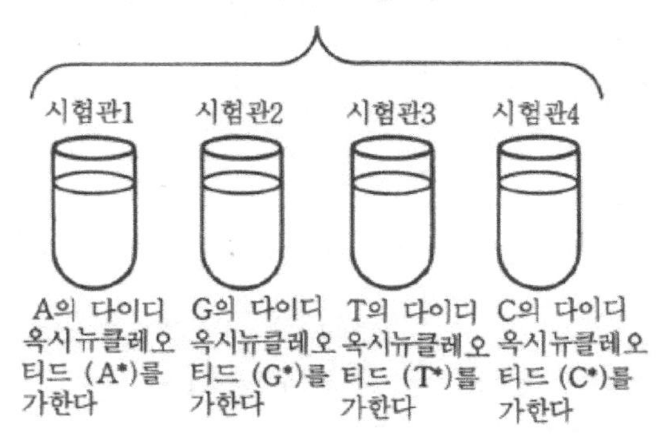

다이디옥시뉴클레오티드(A*, G*, T*, C*)가 들어가면 그곳에
서 두 가닥의 합성이 정지된다

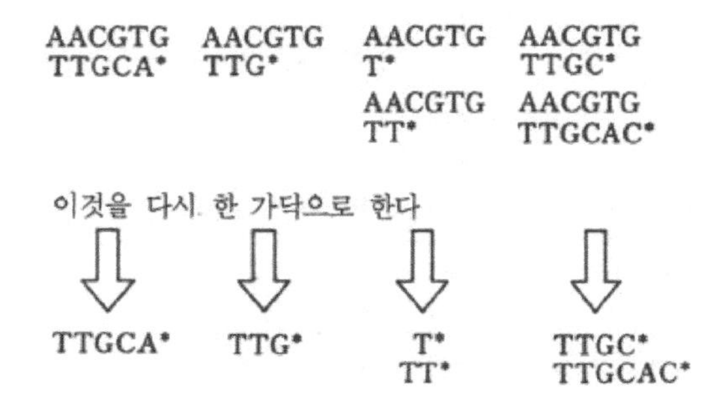

다음 각 시험관에 있는 한 가닥DNA를 전기영동하여 분리하면
염기배열을 알 수 있다(그림 3·4참조)

그림 3-6 | 다이데옥시법. 다이데옥시뉴클레오타이드에 의해 2가닥 쇄 DNA의 합성이 정지된다.

라제가 데옥시뉴클레오타이드 대신 다이데옥시뉴클레오타이드를 잘못 집어넣으면 합성이 중지된다(그림 3-6). 그 결과 A, G, T, C 각 염기 위치에서 합성이 멈춘 집단이 생긴다.

이 DNA 단편의 집단을 짧은 것에서부터 긴 것으로 분해하면 앞서와 마찬가지로 염기 배열을 알 수 있다.

두 가지 시퀀스법 중 처음에는 맥삼-길버트법이 많이 사용되었으나 그 후 요아킴 메싱(Joachim Messing)이 개발한 시퀀스용 벡터, M13 파지계가 등장하며 다이데옥시 법의 인기가 단번에 높아졌다.

현재는 맥삼-길버트법은 직접 게놈 DNA를 시퀀스할 때처럼 특수한 때 외에는 사용되지 않게 되었다.

두 번째의 노벨상

다이데옥시법을 개발한 생어는 원래 단백질의 화학 구조 결정법의 권위자였다. 단백질의 일종인 인슐린의 일차 배열을 화학적으로 결정하는 방법을 발견해 1958년 노벨 화학상을 받았다. 그 후 단백질에서 핵산(DNA와 RNA)으로 관심사가 바뀌어 RNA나 DNA의 염기 배열 결정에 흥미를 갖게 되었다(그림 3-7).

그러나 단백질이나 핵산 등 중요한 거대분자의 정보를 밝히는 데 공헌한 생어의 공적은 매우 커서, 다이데옥시법에 따른 시퀀스 결정법에 의해 다시 1980년도 노벨상을 받았다. 당시 노벨 화학상은 생어 말고도 맥삼-길버트법에 의한 시퀀스법을 확립한 길버트, 거기에 재조합 DNA의 기초를 만든 버그에게도 주어졌다.

세 명의 수상은 각기 유전자 공학의 핵심 기술 개발에 대한 것으로 유전자 공학이 시대의 기준이 된 것을 상징한다.

그렇지만 생어처럼 자연과학 부문에서 노벨상을 두 번이나 받은 것은 매우 드물어 지금까지도 두 번 수상한 인물은 단지 세 명이다. 방사능의 발견과 새로운 원소 라듐 등을 발견한 퀴리 부인, 트랜지스터(transister)를 발명했으며 초전도 이론을 발표한 존 바딘(John Bardeen), 생어 뿐이다. 이 대목에서 생어의 실험 기술이 얼마나 탁월한 개발이었는지 알 수 있다. 이런 과정을 통해 길버트와 생어가 개발한 시퀀스법은 많은 연구자에 의해 더 개량되어 오늘날에는 일상적인 기술이 되었다.

그리고 DNA 시퀀스법이 개발되자 기다리던 듯 유전자에 관한 여러 정보가 순식간에 집적되었다. 예로서 시퀀스법이 개발된 직

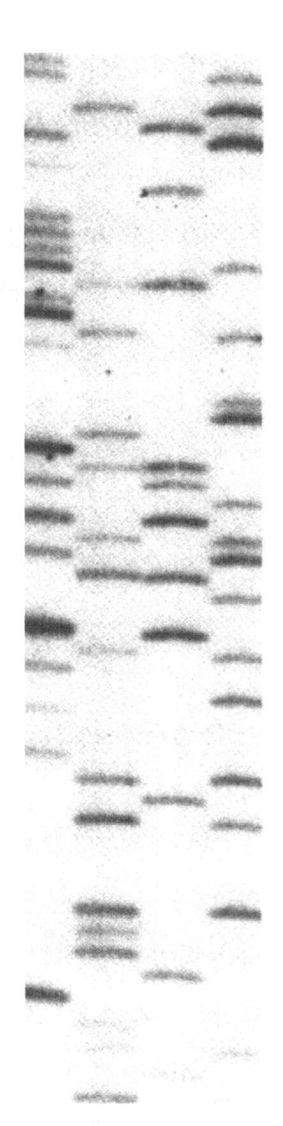

그림 3-7 | 다이데옥시법에 의한 실제 시퀀스 사진.

후, 바로 길버트의 학생이었던 프리노(Prino)가 원핵생물 DNA에 RNA 폴리머라제가 붙는 경우의 DNA상의 특이적 염기 배열을 발견하였고, 생어의 연구실에서는 두 유전자가 하나의 DNA 영역을 공유하는 현상(Overlaping Gene)을 발견하였다. 즉 하나의 DNA 영역에 전사 개시점이 두 곳 있어서 각기 전사 산물을 만들고 있다.

또, 생어 등은 지금까지 보편적으로 여겨졌던 코돈표(triplet Codon)과 아미노산과의 대응 관계가 실은 보편적이지 않으며 미토콘드리아와 핵에서는 다른 코돈이 사용된다는 흥미로운 사실을 발견하였다. 거기다 미토콘드리아의 코돈은 인간과 효모 사이에서도 달랐다.

DNA 시퀀스법은 순식간에 세계 각지로 퍼져 각 연구실에서 흥미를 느꼈던 DNA가 차례차례 시퀀스되었다. 그 결과, 해독된 DNA의 수는 그만큼 계속 증가해 매년 늘어나고 있다. 최근 유전자에 관한 중요한 발견은 모두 이 시퀀스법을 기초로 해석되고 있다고 해도 과언이 아니다.

목표가 되는 것을 찾아서 '동서남북'으로

미생물이나 고등식물을 형질 전환하려 할 때, 도입한 유전자가 세포 내의 핵에 조합되어 들어가 있는지, 그리고 그 정보가 확실히 발현되고 있는지 반드시 확인해야 한다. 그래서 이를 해결하기 위해 교잡(Hybridization)법이 고안되었다.

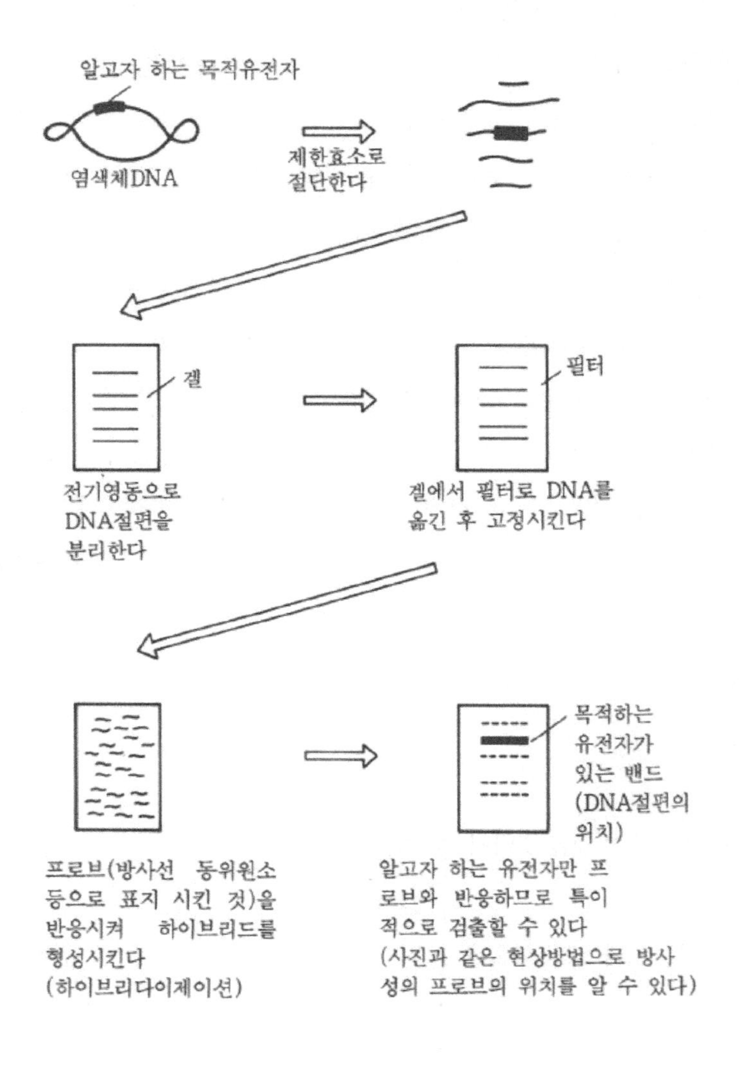

그림 3-8 | 서턴법. 표지 프로브와 상보적인 DNA와 RNA를 검출하는 방법이다.

가장 처음 교잡법을 확립한 사람은 1977년 에든버러대학의 에드윈 서턴(Edwin Southern)이었다.

DNA 쇄끼리(또는 DNA와 RNA)의 상보적 염기가 짝을 이루어 두 가닥 쇄를 형성하는 것을 하이브리드라 한다. 그리고 염기 짝의 상보적 성질을 이용하여 유전자를 검출하는 방법을 교잡법이라 한다.

서턴법을 활용해 제한 효소로 절단한 DNA를 전기영동법으로 분리한 후 막상의 필터에 고정하고, 이를 어느 특정 DNA(또는 RNA)와 하이브리드로 형성시킨다. 만약 어떤 곳에서 하이브리드가 형성된다면 그 위치에 해당하는 특정 DNA와 상보적인 염기 배열이 존재하는 것을 알 수 있다(그림 3-8).

검출이 목적인 DNA 단편(또는 RNA 단편)을 프로브라 한다. 예로서, 형질 전환한 식물에서 전 DNA를 모두 꺼내 도입한 것과 같은 DNA를 프로브로 서턴법을 사용하면 쉽게 해당 DNA가 세포 내에 존재하는가를 알 수 있다.

이 방법은 간단하며, 정량이 확보되기 때문에 형질 전환한 유전자를 조사하는 데 많이 사용되고 있다.

서턴법의 변법인 노턴(Nothern)법이라는 것도 있다. 이는 DNA가 아닌 RNA를 분리하고 필터에 고정해 특정 DNA 단편이나 RNA 단편을 프로브로써 검출하는 방법이다.

서턴법은 그를 개발한 서턴의 이름을 따서 붙인 것이지만, 서턴은 문자 그대로 '남쪽'의 의미였기 때문에 이번에는 '북쪽'을 의미하는 노턴법이라 이름 붙이게 된 것이다. 노턴법은 mRNA가 발현되고 있는지 조사할 때 등에 사용한다.

서턴, 노턴 다음 웨스턴(Western)도 있다. 실제로는 이에 대한 명명법이 있다. 웨스턴법이란 단백질을 전기영동으로 분리하여 항원 항체 반응을 사용하여 목적 단백질을 검출하는 방법이다. 이 방법은 특정 단백질의 검출, 특히 형질 전환한 생물 중에서 목적 단백질이 발현되었는지 조사하는 데 많이 사용된다.

최근에는 서턴법과 웨스턴법을 합친 사우드웨스턴법 또한 개발되었다.

서턴이 DNA이고 웨스턴이 단백질이라면 사우드웨스턴은 양쪽 DNA와 단백질의 결합을 조사하는 방법이다. DNA에는 선택적으로 결합하는 단백질이 존재하며, 이 방법은 그런 단백질을 검출하는 데 사용된다.

물론, 유전자 공학 기술이 클로닝법이나 시퀀스법, 교잡법이 전부는 아니다.

염색체상 하나의 유전자가 인접한 유전자를 해석하는 유전자 보행법, 희망 장소에 변이를 일으키는 부위 특이적 돌연변이법(Site-specific Mutation), 염색체 게놈의 지도를 만드는 데 필요한 RFLP법, DNA를 단시간에 몇억 배까지도 증폭시킬 수 있는 PCR법 등 중요한 방법에만 여러 가지가 있다. 여기서 설명한 것은 어디까지나 일부 예에 지나지 않는다.

현재 사용되고 있는 유전자 공학의 모든 기술을 한마디로 말하면 DNA, RNA, 단백질이라는 중요한 거대분자를 분자 수준에서 해석하고, 나아가 바꾸는 것을 특징으로 하고 있다.

오늘날, 유전자 공학의 조류는 생물학 구석구석까지 범람한다. 미생물뿐 아니라 고등동물이나 고등식물까지 대상으로 하며, 본래 자연에 존재하지 않던 생물까지 잉태하려고 한다.

그러나, 유전자 공학의 역할은 어디까지나 변이를 증대하는 것이다. 유전자 공학은 육종, 기타 기존의 분야가 있어야 비로소 응용할 수 있다. 우려되곤 했던 생물 재해는 많은 연구 결과를 통해 벌어질 가능성이 적다고 밝혀졌다. 유전자 공학은 농·축산물의 개량이나 의료, 나아가서는 인류의 복지에 크게 도움 될 것이다.

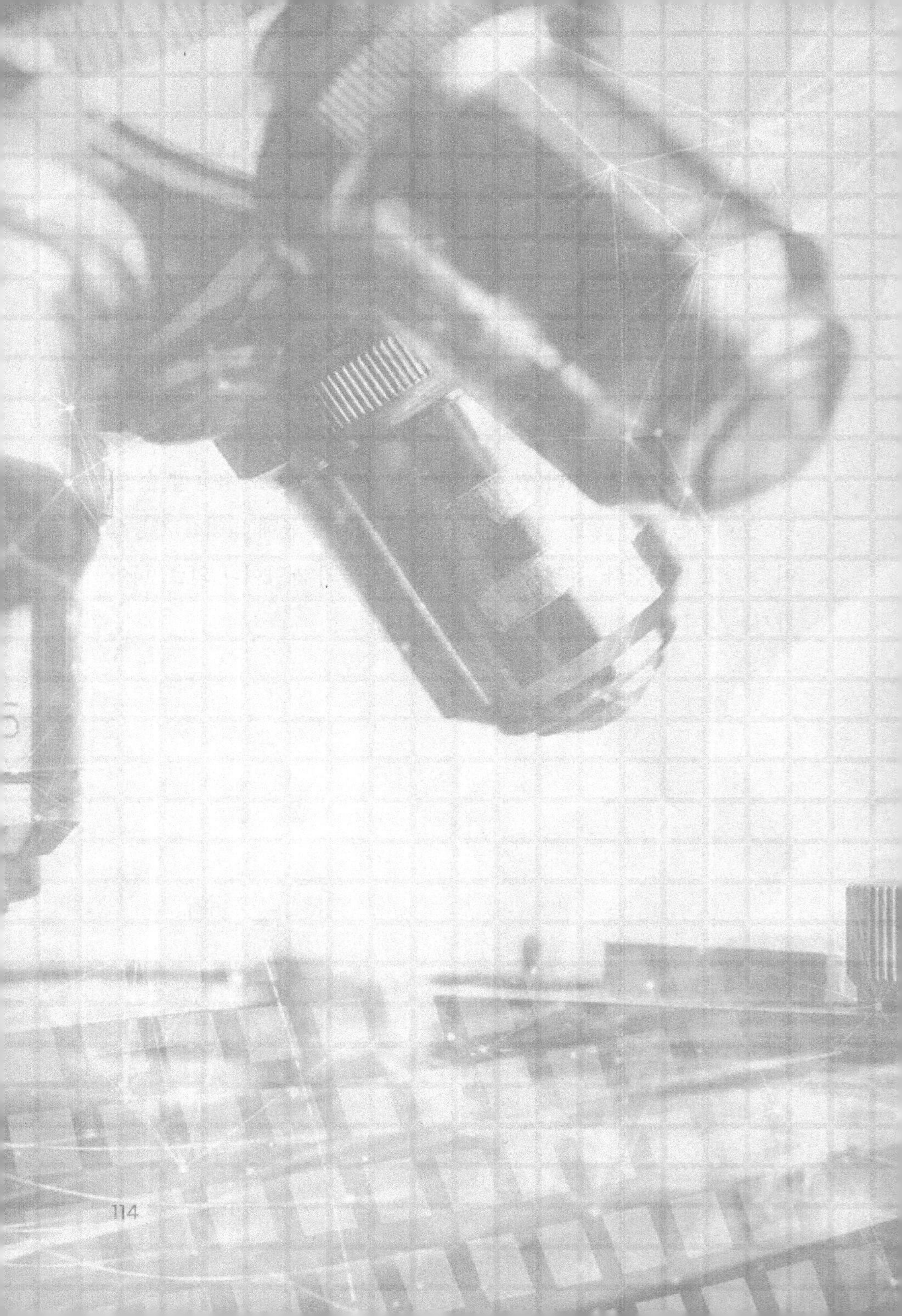

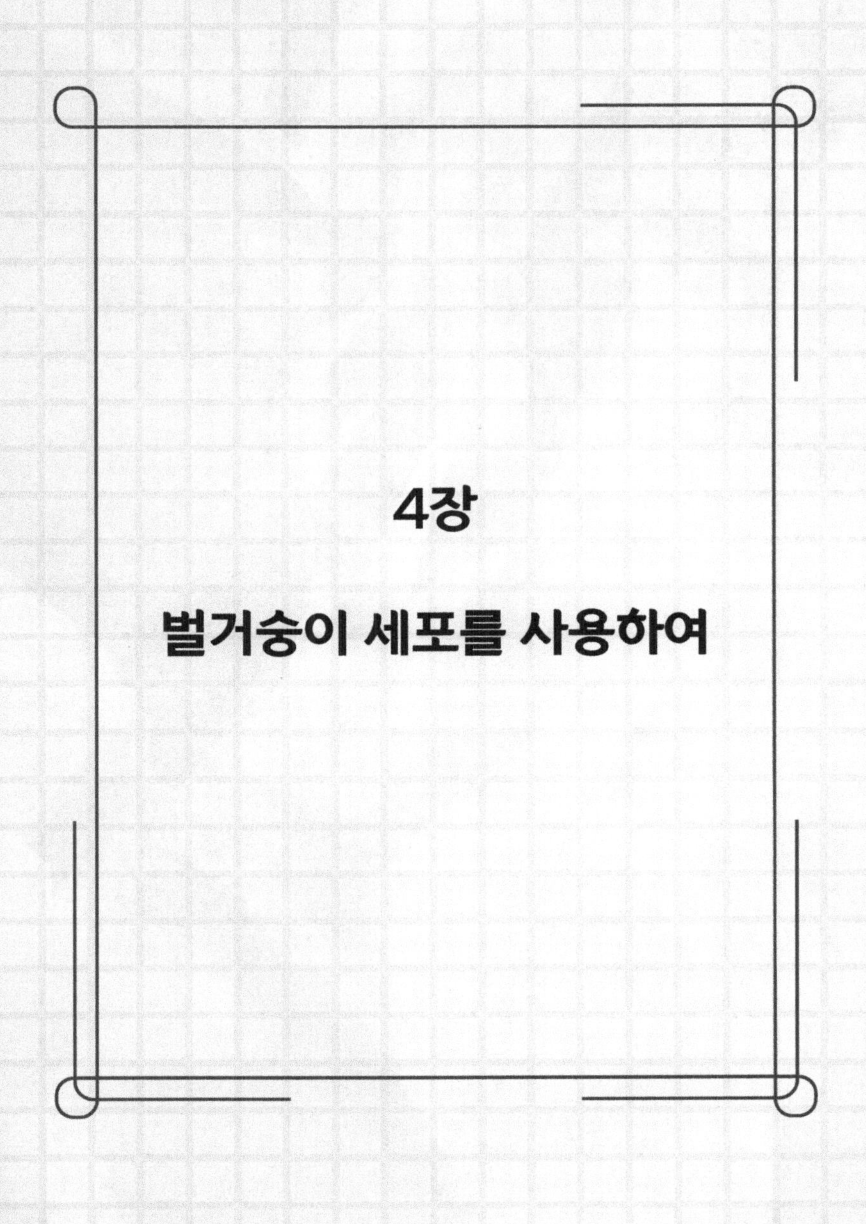

4장

벌거숭이 세포를 사용하여

코트를 벗고 싶다

식물은 일단 대지에 뿌리를 내리면 사계절의 추위와 더위, 비바람과 건조를 견디며 일생 정해진 장소에서 살아가야 할 운명이다. 즉, 동물과 달리 환경에서 빠져나갈 수 없다.

그 때문에 식물체의 외측은 견고하며 세포도 강하고 단단한 세포벽으로 덮여 있다.

그러나 견고한 세포벽이 있기 때문에 인간의 손으로 식물의 세포 융합이나 유전자의 도입을 시도하는 일은 얼마 전까지만 해도 꿈도 꾸지 못하였다. 조직 배양 기술은 개발되어 있었으나 동물 세포에서 관찰되고 있는 세포 융합이나 대장균에서 볼 수 있는 형질 전환 등은 식물에 대해서는 완전히 남의 일이었다(그림 4-1). 이런 상황을 완벽히 바꾸어 버린 것은 1960년대 후반에 급격히 발전한 프로토플라스트의 분리법이다.

프로토플라스트란 말하자면 벌거숭이 세포로서, 세포벽을 제거한 세포질 부분을 가리키는 원형질체(protoplasm)를 따서 이름을 붙였다. 이 세포벽을 제거한 프로토플라스트에 의해 비로소 동물 세포가 보여준 세포 융합이나, DNA를 집어넣는 조작이 가능하게 되었다.

세포 융합은 교배에 의한 육종이 불가능하였던 식물 사이에도 잡종을 만드는 기회를 부여하여 프로토플라스트에 의해 DNA를 넣는 조작이 가능하게 되었다.

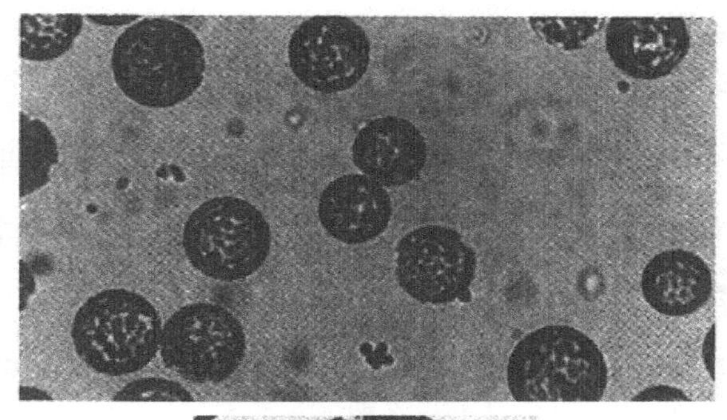

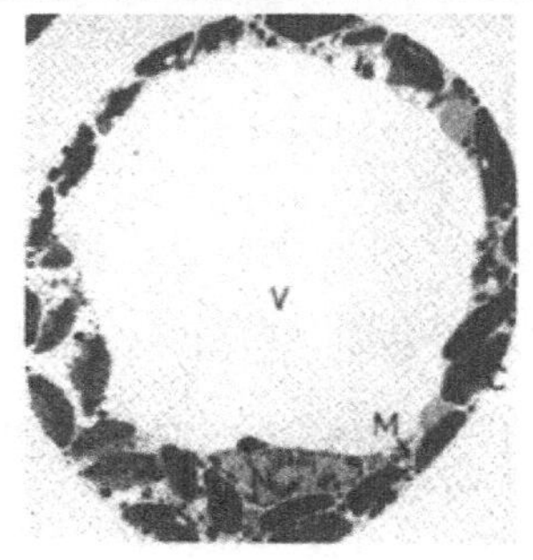

그림 4-1 | 프로토플라스트. 위는 담배 엽육 세포의 프로토플라스트, 아래는 프로토플라스트의 단면도이다. 아래 그림에서 V는 액포, N은 핵, C는 엽록체, M은 미토콘드리아이다.

프로토플라스트는 DNA뿐 아니라 바이러스 입자, 라텍스(latex) 입자(인공의 polystyrene 입자), 나아가 엽록체나 세포와 같은 큰 물질까지도 받아들인다(그림 4-2).

이처럼 입자를 잡아넣는 것을 엔도사이토시스(endocytosis)라 하며 아메바나 백혈구에서는 보통으로 보이는 현상이다. 프로토플라스트는 식물에도 그런 성질이 있는 것을 뚜렷하게 보여줬다. 나아가, 식물의

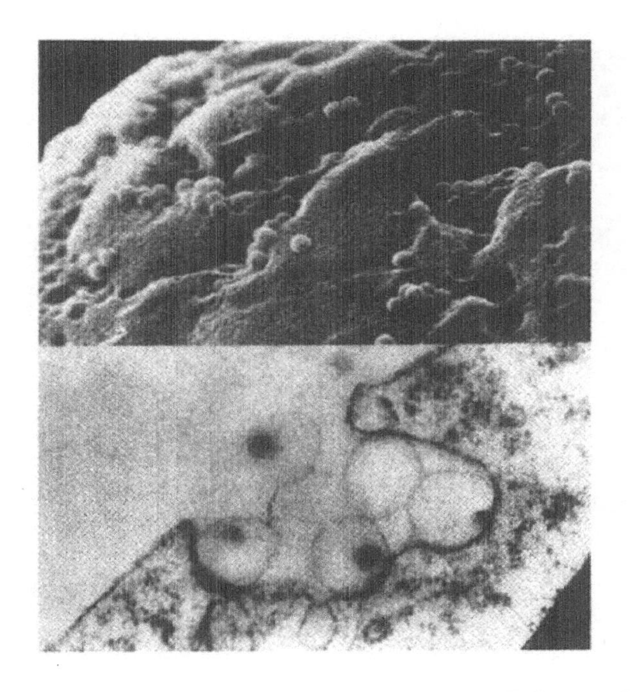

그림 4-2 | 프로토플라스트에 의한 라텍스 입자의 봉입. 위는 프로토플라스트 표면에 흡착시킨 라텍스 입자. 아래는 프로토플라스트의 세포막 흡입에 의한 라텍스의 봉입.

프로토플라스트와 동물 세포가 세포 융합할 수 있는 것으로 증명되어, 식물 세포로부터 세포벽을 제거하면 동물 세포와 본질적으로 별로 다를 바 없다는 것이 밝혀졌다.

프로토플라스트는 독일의 윌리엄 크락커(William Crocker)가 1892년 최초로 분리하려고 시도하였다. 그는 양파의 세포 원형질을 줄여서 세포벽과 분리한 후 세포벽을 면도칼로 절단하여 가운데 원형질체를 짜

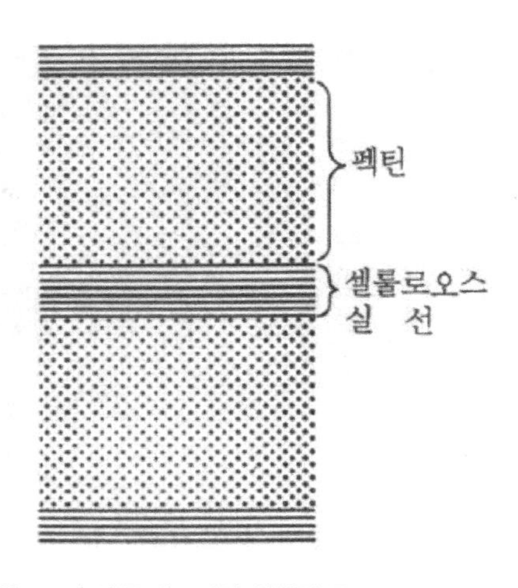

그림 4-3 | 식물 세포벽의 화학적 구조.

내어 프로토플라스트를 얻었다.

그러나 이런 물리적 방법으로 프로토플라스트를 분리하여도 생화학 실험을 할 만한 양은 얻어지지 않았다. 크라커의 방법은 시도는 좋았으나 식물학 전반에는 거의 영향을 주지 못하고 끝나고 말았다.

크라커의 선구적 실험이 있고 반세기 이상 지난 1960년, 영국 노팅엄대학의 에드워드 코킹(Edward Cocking)은 이번에는 효소를 사용하여 프로토플라스트를 얻는 데 성공하였다. 그는 흰 곰팡이 등의 목재 부패균이 오래된 집 기둥이나 마루 등을 소화하여 목재를 분해하는 점을 주목하였고 이 균이 생산하는 효소를 사용하면 프로토플라스트를 얻을 수 있지 않을까 생각하게 되었다.

그런데, 식물의 세포벽은 셀룰로오스로 된 섬유질과 그 간격을 메꾸는 펙틴질로 되어 있다(그림 4-3).

목재를 삭히는 균이나 곰팡이, 흰개미 등과 식물의 잎을 먹는 달팽이 등은 이들 셀룰로오스나 펙틴질을 녹이는 물질, 즉 세포벽 분해 효소를 갖고 있다.

거기에 주목한 코킹은 바로 목재 부패균의 일종인 미로세시움 베르카리아(tucaria)를 배양하여 얻어지는 효소인 셀룰레이스(셀룰라아제, cellulase)를 사용하여 토마토 과실의 조직에서 프로토플라스트를 분리하려 하였다. 효소액에 담가서 두 시간 뒤 토마토 세포를 본 결과 예상대로 토마토 과실의 조직에서는 둥근 프로토플라스트가 유리되고 있었다.

이 사실을 통해 효소를 사용한 화학적 방법으로도 프로토플라스트가 분리된다는 결과가 처음 제시된 것이다.

그러나 코킹이 생각한 획기적인 방법도 효소를 만드는 데 상당한 시간과 노력이 필요했으며, 얻어진 프로토플라스트의 생존율도 낮고, 협잡물이 많아서 일반적으로 사용할 수 있는 기술이라고는 할 수 없었다.

실제 생화학 실험에 제공될 수 있을 정도의 활성을 갖는 프로토플라스트를 대량으로 얻는 기술은 시판 효소를 잘 이용하고, 재료 및 효소 처리의 조건을 잘 조절하고 나서야 비로소 가능하였다.

그렇게 무대는 영국에서 일본으로 옮겨진다.

좋은 효소가 있다!

독일과 미국에서 유학하고 신설 농림업 식물바이러스연구소(현재의 농수산성 농업생물자원연구소)에 부임한 다케베(建部到)는 무엇을 테마로 식물 바이러스를 연구할 것인가 이리저리 궁리하고 있었다. 도쿄대학 도서관을 반년 가까이 들락거리고서 그는 식물의 프로토플라스트를 사용한 바이러스의 일단증식 실험으로 주제를 정하였다.

미생물 분자 생물학 창시자의 한 사람인 막스 델브뤼크(Max Delbrück)가 개발한 파지의 일단증식 실험은 초기의 분자 생물학 발전에 크게 기여하고 있다. 식물 바이러스 분야에도 같은 실험이 가능하다면 식물 바이러스학에 크게 도움이 되리라 생각한 것이다.

일단 증식 실험이란 다음과 같은 현상을 말한다. 파지는 세균에 기생하는 가장 작은 생물로서 만약 세균 수보다 파지 수를 훨씬 더 많게 하여 두 가지를 혼합시키면 거의 모든 세균은 동시에 파지에 감염되어 어느 세균 속에서나 파지가 똑같이 증식한다.

이처럼 동조적(同調的)으로 감염 단계가 진행되는 것은 감염 과정을 자세히 볼 수 있다고 하는 점에서 매우 유리하다. 왜냐하면, 파지 한 개의 감염으로는 검출되지 않으나 집단으로 수억 배나 증폭시키면 감염 검출이 가능하기 때문이다.

그러나 파지의 숙주인 세균과 식물 바이러스의 숙주인 식물 세포 사이에는 큰 차가 있어서 식물 세포에서는 그리 간단히 일단 증식 실험을 할 수 없다. 즉, 식물에서는 처음에 바이러스가 감염하는 것은 표피 세포의 아주 일부 세포로서 개체 전체의 경우 수만, 수억 분의 일 이하이다. 그리고, 식물 체내에서 이차감염, 삼차감염……과 같이 반복하여 최종적으로 전신에 세포가 감염된다.

그래서 다케베는 식물 세포를 세균과 같이 다루려고 생각하였다. 그는 제1단계, 식물 조직에서 세포를 조각 상태로 꺼내려는 전략을 세웠다. 그렇게 하면 식물 세포도 세균과 같은 수준이 될 것이다.

그러나 식물 바이러스는 파지에 비해 매우 단순한 구조로서 파지와 같이 자력으로 세균에 구멍을 뚫고 핵산을 주입하는 기술은 없다. 또, 식물 세포는 이중의 막에 싸여 있다. 그 바깥쪽의 세포벽은 셀룰로오스를 주성분으로 하는 매우 단단한 벽으로, 그 벽에 걸려 식물 바이러스가 들어갈 수 없다. 그래서 제2단계, 세포벽을 제거한 식물 세포, 즉 프로토플라스트를 이용하기로 생각이 미치게 되었다.

다케베는 이미 존재하던 코킹의 방법에 주목하였고, 일본에서 시판되고 있는 효소를 사용하여 이 방법을 더 개량할 수 없을지 고민하였다.

일본의 기후는 고온다습하여 균이나 곰팡이가 생기기 쉽고, 예로부터 간장, 된장, 청주에 관한 발효 기술 수준이 높았다. 그 덕분에 일본의 발효 기술은 세계에서도 전통적으로 우수하다고 한다.

셀룰레이스나 펙티나아제(Pectinase)도 나무나 종이, 과실의 연화제로서 몇 가지인가 시판되고 있었다. 예로서 귤 통조림을 만들 때 귤껍질을 하나하나 손으로 벗기는 것은 큰 일거리이기 때문에 효소 처리나

세계적으로 훌륭한 발효 기술

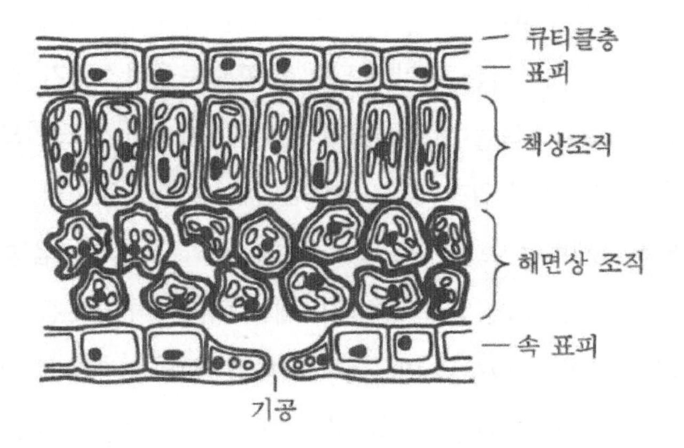

그림 4-4 | 잎의 횡단면

산, 알칼리 처리로 껍질을 제거하고 있다. 그런 용도의 효소가 이미 몇 가지인가 있었다.

이 시판 효소 중에는 프로토플라스트 분리에 유효한 효소가 있을지도 몰랐다.

다케베가 생각한 계획은 다음과 같은 것이었다.

식물 바이러스 중에서 가장 많이 연구된 것은 담배모자이크바이러스(tobacco mosaic virus)로, 숙주는 담배이다. 그러므로 실험체로는 담배가 좋을 것이다. 식물체 중에서 조직이 부드럽고 세포가 많이 있는 곳은 잎의 유조직이다. 그중에서도 책상 세포(그림 4-4)는 잎 전체 세포의 과반수를 점하고 있기 때문에 이를 사용하면 다수의 균일한 세포가 얻어질 것이다. 세포 하나하나를 떼기 위해서는 세포와 세포를 결합하고 있는 펙틴질을 효소로 녹이면 된다. 다음 떼어 낸 세포를 셀룰레이스로 처리하여 세포벽을 녹이면 당연히 프로토플라스트가 얻어질 것이다. 프로토플라스트는 세포벽을 벗겨 낸 '벌거숭이 세포'이므로 식물 바이러스는 틀림없이 쉽게 세포 내에 침입할 수 있을 것이다.

그래서 다케베는 브라이트 옐로우(Bright Yellow)라는 품종의 담배를 실내에서 키워 먼저 잎을 펙티나아제로 처리하여 세포를 모두 떨어진 알갱이로서 얻는 일부터 연구를 개시하였다. 입수 가능한 한의 펙티나아제를 사용하여 담뱃잎을 처리하여 얻은 세포를 현미경으로 자세히 관찰하여 효소의 활성과 세포에 대한 효소의 독성을 자세히 검토하였다. 초기에는 세포의 분리는 잘 되었으나 얻은 세포의 몸체가 파괴되어 있었다. 죽은 세포로는 프로토플라스트를 얻을 수 없다. 그래서 펙티나아제의 종류는 물론, 가능한 조건을 모두 닥치는 대로 조사하였고, 그 예로 삼투압 조절을 위해 가하는 당의 종류와 농도, 효소액을 세포 간격에 스며들게 하기 위한 진공 침투의 조건, 효소 작용을 촉진하기 위한 용기의 진탕(振置) 조건, 온도 등이 있었다.

당시, 다케베의 밑에서 중심적으로 실험하고 있던 오즈키(大根義暗, 농수산성 농업연구센터)의 이야기에 의하면 다케베는 전날 밤에 실험을 상세하게 생각하여 그날 아침 부하에게 지시하였다 한다. 부하는 그가 출근하지 않으면 그날 어떤 실험을 하는지 알지 못하는 상태가 2~3개월 지속되었다 한다.

그러나 노력이 열매를 맺어 새해가 밝아올 때쯤엔 살아 있는 세포를 안정적으로 계속 얻을 수 있게 되었다.

살아 있는 세포를 대량으로 얻어 내기 위한 주요 조건은 ① 일본산 효소, 야쿠르트사의 마세로자임(macerozyme)을 사용한다. 이 효소는 외국제에 비해 독성이 적다. ② 삼투압 조정을 위해 만니톨(mamitol)을 사용한다. ③ 세포 보호제로서 덱스트란 황산칼륨이라는 화합물을 첨가한다. 그것도 분자량이 적은 것이 좋다. ④ 효소 처리 온도는 25°C가 좋고, 30°C 이상에서는 세포가 죽는다…… 등이었다.

프로토플라스트의 분리에 효력을 가진 효소는 모두 균의 추출액을 적당히 정제한 것으로, 고도로 정제한 것은 오히려 효과가 없었다. 이는 세포벽 분해에는 복수의 효소가 필요한 것을 뜻한다.

명인의 솜씨에 의해

살아 있는 세포를 얻을 수 있게 된 다음 프로토플라스트를 만드는 것은 간단하였다. 이 단계에서도 여러 효소를 조사한 결과 긴키(近:畿) 야쿠르트사의 '셀룰레이스오노즈카(cellulaseonozuka)'가 가장 우수하였다.

대량의 프로토플라스트가 안정하게 얻어짐에 따라 다케베 등은 담배 모자이크 바이러스(TMV)에 감염된 담뱃잎에서 프로토플라스트를 만들어 배양한 결과 배양 중에 바이러스가 증식하는 것을 확인하였다. 이는 유리한 프로토플라스트가 생물 활성을 유지하고 있는 것을 나타내고 있다.

이런 과정으로 다케베가 개발한 분리법으로 얻어진 프로토플라스트계는 양적, 질적으로 충분하여 세포 공학적 실험이나 생화학적 실험을 충분히 수행할 수 있었다. 다케베 등은 프로토플라스트를 사용하여 TMV를 높은 효율로 감염시키는 데 성공하여 식물 바이러스의 일단증식(One-Step Growth) 실험을 완성하였다.

다케베 연구실에서 프로토플라스트 분리법이 확립되었을 때 필자도 그 연구실에 있었으나 그때의 효소는 아직 개량 중이었던 것으로 생각된다.

당시는 야쿠르트사가 시작(試作)한 효소를 사용, 검정하고 있었다. 구체적으로는 프로토플라스트의 분리 상태, 생존율을 현미경으로 조사하여 일정 원심력으로 침강시킨 플로토플라스트의 양을 정량적으로 측정하는 것이다. 그때 가장 좋은 성적을 나타낸 효소로 '오스미즈키'를 얻고 있었다. 야쿠르트사는 이를 시판, 효소의 신뢰성을 드높여 일본뿐 아니라 세계적으로 널리 사용하게 되었다.

필자도 몇 번인가 효소를 검정하였으나 같은 곰팡이의 효소라도 균주에 따라 상당히 능력 차가 있던 것으로 생각된다. 유전자 공학에 필수적인 제한 효소도 좋은 품질이 시판되기 전에는 아마 비슷한 상황이었을 것으로 생각된다.

최근에는 균주의 선발, 개량이 이루어져 독성이 적고(예로서 야쿠르트사의 셀룰라아제 R-10이나 셀룰아제 RS, 마세로자임 R-10 등), 효력이 높은 효소가 발매되고 있다. 또, 다른 회사에 서도 새로운 효소(예로서 기코만의 이시이(石井) 등이 개발한 펙토리아제 Y23)가 시판되어 종류와 질에서 일본은 발군의 위치를 차지하고 있다.

이와 같이 프로토플라스트를 분리하는 데는 효소의 개발이 가장 중요하며 또 하나 중요한 요인으로 무엇을 프로토플라스트의 재료로 쓸지 정하는 것 역시 중요하다.

앞에서 말한 바와 같이 다케베 연구실에서는 주로 담뱃잎을 재료로 하고 있었다. 담배는 TMV의 숙주로서만이 아니고 가장 빠르게 조직배양되었던 식물이다.

재료 식물의 육성에 대해서는 논문에 자세히 쓰여 있지 않으나 실험을 원활하게 추진하기 위해서는 매우 중요한 일이다. 다케베 연구실에서는 식물 육성은 원예학부 출신의 오즈키가 담당하고 있었다. 온도를 정밀하게 조절할 수 있는 온실 내에서 담배를 키웠으나 약 2개월에 걸친 생육 기간에 화분 위에서 쑥쑥 키우기 위해서는 흙의 배합, 물 주기, 비료 주기, 병해충 방제 등 여러 가지를 검토해야 한다. 2개월에 걸쳐 키운 담배가 실험 재료로 사용되는 것은 일주일에 지나지 않기 때문에 매주 종자를 파종하여 반복적으로 재료를 만드는 것도 연구자의 일이었다.

프로토플라스트의 실험 전의 기후도 중요한 요인이다. 비가 계속 내리면 세포의 생존율이 매우 떨어진다. 청경우독(晴耕雨讀, 맑으면 농사를 짓고 비 오면 책을 읽음)은 아니나 프로토플라스트의 실험은 맑은 날이 계속될 때가 가장 좋다.

또, 실험하는 날은 가능한 아침 일찍 잎을 따러 가야 한다. 왜냐하면 해가 떠오르기 시작하면 광합성이 왕성해져 엽록체 중에 전분 입자를 만들어 프로토플라스트의 비중이 무거워지기 때문이다.

살아 있는 프로토플라스트를 죽은 세포와 분리하는 데는 서로 다른 약간의 비중 차이를 이용한다. 살아 있는 세포의 비중은 무겁고, 죽은 세포나 세포 찌꺼기는 약간 가볍다. 이를 이용하여 원심분리로 나누나, 원심시간의 차는 초 단위로 구분될 정도로 미묘하다.

그러므로 겨울과 여름에는 물론, 어둡거나 맑은 날씨 차로도 세포의 비중이 달라서, 그날그날 원심시간을 달리할 필요가 있다.

그래서 햇빛을 충분히 받아서 전분이 많이 생긴 잎은 프로토플라스트뿐 아니라 죽은 세포나 세포 찌꺼기도 무거워져 살아 있는 프로토플라스트를 분리하기 어렵게 된다.

재료에 관한 또 하나의 문제는 담뱃잎 껍질을 벗기는 일이다. 당시는 효소 처리를 오랫동안 하면 생존율이 매우 떨어졌기 때문에 잎의 뒤쪽 껍질을 핀셋으로 벗겨서 효소가 침투하기 쉽게 해 주었다.

그 결과, 잎 뒤쪽의 조직 중 해면상(海綿狀) 조직과 책상(柵狀) 조직 세포가 차례대로 균일하게 얻어져서 매우 편리하였다.

시간을 재어 효소액을 갈면 문제없고, 생존율이 높은 책상 조직만의 프로토플라스트를 얻을 수 있다.

지금은 효소도 개량되고, 재료도 무균 묘가 보급되어 있기 때문에 껍질을 벗기지 않아도 좋다. 그러나 당시는 단지 잎을 잘게 썰어 효소 처리하여서는 죽은 세포와 세포 찌꺼기가 많이 생겨 균일한 프로토플라스트를 얻을 수 없었다.

그러나 핀셋으로 잎의 껍질을 벗기는 일은 의외로 어렵다. 필자도 껍질 벗기는 데 애먹은 사람으로서, 잎 몇 장 벗기는 데 오전 한나절에 걸린 일이 여러 번 있다. 그렇게 되면 실험은 결국 오후부터 시작되어 매우 바쁘게 된다. 껍질은 잎줄기를 중심으로, 껍질이 도중에 끊어지지 않도록 한 번에 벗기는 게 요령이나 잘못하면 몇 번이고 실패하여 구멍이 잔뜩 뚫린 잎이 되고 만다.

앞에서 말한 오즈키는 껍질 벗기기의 달인으로 예술에 가까웠다. 그가 국제학술회의에서 프로토플라스트 분리법을 16㎜ 영화 필름을 사용하여 강연하였을 때 강연 다음 날 아침 석상에서 우연히 같이 앉게 된 사람이 바나나를 먹으면서 '자네는 담뱃잎 껍질을 바나나껍질 벗기듯 하더군' 하고 감탄하였다고 한다.

실제, 구미 연구자들에게는 껍질 벗기는 일이 매우 힘들어서 당시 서배티컬(sabbatical, 교수로 몇 년인가 근무하면 1년 휴가가 주어지는 구미의 제도)로 다케베 연구실에 와 있던 미시건주립대학의 일본계 미국인인 무라시게 박사 등도 결국 습득하지 못하고 돌아간 사람 중의 하나이다. 이를 계기로, 뒤에 담배 모자이크 바이러스의 외피 단백질을 Ti 플라스미드에 조합, 담배에 도입하여 처음으로 바이러스 저항성 작물을 만든 워싱턴대학의 로저 비치(Roger Beachy)는 당시 무라시게 연구실의 학생

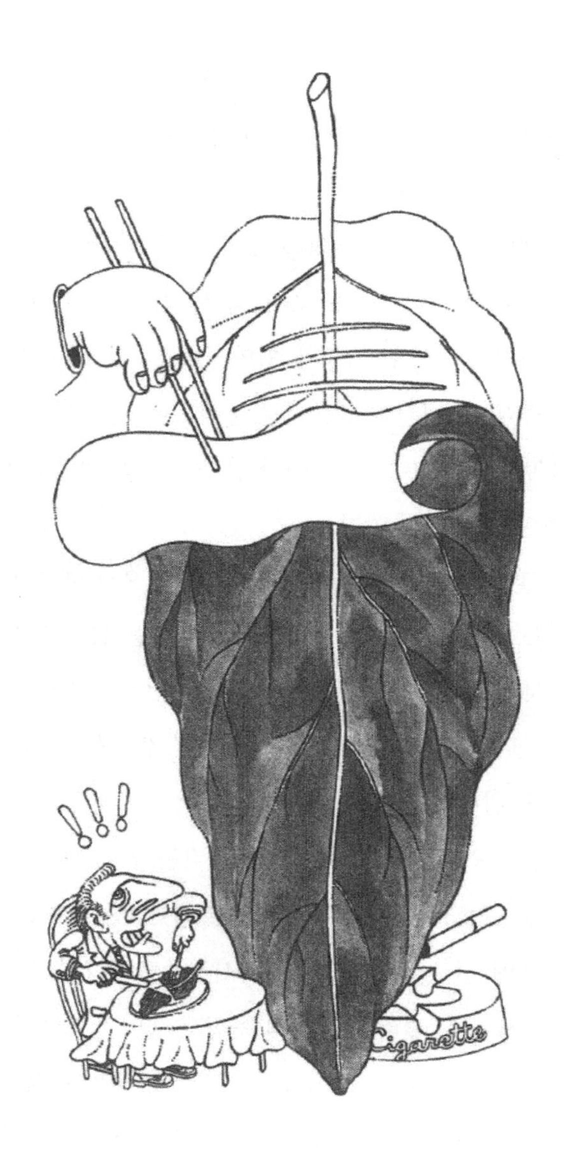

일본인은 젓가락을 사용하기 때문에 껍질 벗기기의 명수!?

이었다.

당시 다케베 연구실에는 국내를 포함하여 많은 연구자가 프로토플라스트 분리 기술을 배우러 오갔다. 전에 매스컴에서 센세이션을 일으켰던 포마토(Pomoto, 토마토와 감자의 융합체)를 만든 독일의 막스 플랑크 연구소의 메르허스는 다케베를 자신의 연구소에 초청하여 프로토플라스트 기술을 직접 배워 그를 기반으로 나중에 포마토를 만든 것이다. 메르허스는 서독 과학계의 거두로서 Ti 플라스미드의 발견자 셸도 일찍이 메르허스의 학생이었다.

다케베 등의 방법이 개발되고서 10년 후 구미 연구자는 껍질을 벗기지 않는 방법을 개발하였다. 이 방법은 잘라 낸 잎을 낮은 농도의 효소액으로 하룻밤 처리하여 다음 날 아침 진한 설탕 용액으로 원심하여 뜨는 프로토플라스트를 모으는 방법이다. 이 방법을 사용하여, 전날 저녁 잎을 효소액으로 처리해 놓으면, 실험하는 날 아침 일찍 와서 프로토플라스트를 조제할 필요도 없다. 구미적 합리주의 정신에 의한 것이라 할 수 있다.

이는 물론 앞에서 말한 바와 같이 효소의 질이 높아진 점과 온실 식물이 아니고 시험관 내에서 기른 무균 묘를 사용하게 되어 비로소 가능하게 되었으나 구미인에게 껍질 벗기는 일이 힘이 들었던 점도 큰 원인으로 생각된다.

일본인은 천성이 재주 있고 근면하므로 어려운 방법이라도 어찌하든지 자기가 단련하여 습득하려는 경향이 있다. 그에 반해 구미인은 일반적으로 재주가 없으나 그렇기 때문에 누구에게나 가능한 간단한 방법을 찾아내려고 연구한다. 서양문명을 잉태한 합리주의 정신도 의외로 이런 점에 기인하고 있는지도 모른다.

필자는 전에 벨기에의 반 몬타규(Ti 플라스미드 발견자의 하나) 연구실에서 일본인이 껍질을 잘 벗기는 것은 일본인이 매일 젓가락을 사용하기 때문이라고 농담 반 진담 반으로 설명한 바, 연구실 사람 하나가 '그렇다면 나도 내일부터 나이프나 포크 대신 젓가락을 써야지'라고 해서 웃음 짓게 한 일이 생각난다. 젓가락 얘기는 사소한 일이나 문화나 정신적 토양이 과학하는 방법에도 미묘하게 영향을 미치고 있는 듯한 느낌이 든다.

어쨌든, 다케베가 개발한 프로토플라스트 분리 방법은 세계의 식물학자에게 각자 관심이 있는 식물 프로토플라스트 분리에 도전하는 용기를 주어 이후 여러 식물에서 프로토플라스트가 분리되었다.

클론 감자가 데굴데굴

활성이 높은 프로토플라스트가 언제든지 얻어지게 되자, 프로토플라스트에서 식물체를 재생시키는 꿈이 드디어 이루어질 기미를 보이게 되었다.

이전에는 토마토의 프로토플라스트에서 세포벽이 재생되거나, 콩

그림 4-5 | 프로토플라스트로부터의 식물체 재생

캘러스의 프로토플라스트가 여러 번 세포 분열한 일은 보고되어 있었다. 그러나 콜로니를 만들거나 식물체를 복원하거나 한 예는 당시에 아직 없었다.

그래서, 프로토플라스트에서 식물체를 재생하는 데 처음 성공 한 사람도 역시 다케베였다. 이 사실은 다케베 등이 개발한 프로토플라스트가 얼마나 활성이 높았는가를 대변하고 있다.

프로토플라스트가 아닌 배양세포를 사용한 재생 실험은 1930년대부터 담배나 당근에서 많이 보고되어 있었다. 특히 담배에 대해서는 캘리포니아대학의 일본계 미국인인 무라시게가 기본 배지를 만들어 놓았다.

다케베 연구실에서는 무라시게의 배지를 기본으로 연구하여, 삼투합을 높이는 처리(프로토플라스트는 세포벽이 없기 때문에 배지의 삼투압이 낮으면 파열된다)나, 세포막을 안정화하는 칼슘염이나 마그네슘염 농도를 높인 결과, 1971년 담배 프로토플라스트에서 식물을 재생시키는 데 성공하였다. 실험은 당시 도쿄대학 석사 과정의 나가다(長田, 도쿄대학 교수)가 하였다.

단세포에서의 재생이라는 의미에서 세포벽이 남아 있는 배양세포 하나에서도 식물체를 재생하는 일이 가능하다. 이 경우, 목적 세포의 성장을 돕기 위해 미리 배지에 활성이 높은 다른 세포군을 넣어 놓아야 한다(이를 너스(Nurse)배지라 한다).

그러나 일반적으로, 단세포에서 식물체를 재생하기는 어려운 일로, 프로토플라스트에서 재생시키는 편이 유리하다. 나아가 세포 융합으로 잡종 세포를 만들어 그를 재생하는 일은 프로토플라스트가 아니면 안 된다.

그런 의미에서 프로토플라스트에서의 식물체의 재생은 '새로운 식물'을 만드는 데 필요 불가결하며 다케베의 성공은 획기적이라 할 수 있다.

그렇게 하여, 체세포의 프로토플라스트에서 출발하여 생식 세포를 거치지 않고 무성적(無性的)으로 다수의 클론 개체를 수천수만 얻을 수 있다. 그리고 X선, 방사선 등을 조사하면 변이를 일으킨 개체도 얻을 수 있다.

식물 세포의 전능성(全能性, 개체를 형성하는 재생 능력)에 의한 무성적 인공 번식법은, 다수의 단세포를 재료로 하여 무수한 변이를 유발해 선발하는, 세균 등에서만 이루어지고 있던 유전학적 방법을 식물에서도 가능하게 만들었다. 이 방법은 식물의 변이, 특히 작물 육종에 연결된다는 점에서 매우 중요한 의미가 있다(그림 4-5).

프로토플라스트계가 확립되기 전에도 식물체나 배양 세포에 방사선을 조사하여 변이를 일으키는 육종법은 있었다. 그러나 프로토플라스트를 사용하면 많은 양이 처리되며, 그것도 단일 클론 변이체가 얻어지므로 큰 장점이 있다. 프로토플라스트의 경우에는 X선 조사 등 특히 몇 가지인가의 인위적 처리를 하지 않아도 재생한 개체에 많은 변이가 보여진다. 그 전형적인 예가 감자이다.

캔자스대학의 셰퍼드는 북미산 감자의 엽육 프로토플라스트에 서 만 개 이상의 식물체를 재생시켜 신품종과 비교하였다. 그 결과, 신품종과 같은 것은 적고, 형태와 생리적 성질이 매우 다른 것이 많았다.

이들 변이 중에는 실용적으로 유익한 것들이 몇 개 있었다. 감자의 경우에는 알타나리아 솔라니와, 피토프소라 인페스탄스(Phytophthora infestans)라는 병원균에 대해 강한 저항성을 나타내는 것이 얻어졌다. 셰퍼드는 이러한 프로토플라스트에 의한 변이를 프로토클로날 베리에이션(Protoclonal variation)이라고 이름하였다.

프로토클로날 베리에이션은 이후 여러 식물을 출발 재료로 이루어졌으나 변이 형태와 변이율은 달라서, 무수히 출현하는 것부터 거의 변이되지 않는 것까지 여러 가지이다. 감자의 경우는 본래 유전적으로 헤테로인 4배체(염색체 수가 4n. 일반적으로 2n인 경우가 대부분)이기 때문에 체세포의 변이도 커서 변이개체가 다수 출현하였다고도 생각된다. 각 개체의 DNA를 비교하여 유사성을 살피는 최근의 연구에서도 외견은 거의 없으나 DNA가 상당히 달라져 있는 것이 알려져 있다. 일반적으로 프로토클로날 베리에이션도 DNA 단계에서는 상당히 큰 것으로 생각된다.

또, 식물 세포를 배양 세포로 하여 장시간 배양하면 변이가 생기기 쉬운 것으로 알려져 있다. 반대로, 변이개체를 많이 얻고 싶을 때는 식물의 조직을 일단 배양 세포화하고 나서 프로토플라스트의 재료로 하는 일도 있다. 이런 체세포 변이를 이용하여 변이개체를 얻는 육종적 시도에서도 프로토플라스트는 단세포이므로 여러 개의 세포 덩어리로 되어 있는 배양 세포보다 재료로서 유리하다.

처음의 잡종

프로토플라스트의 분리, 재생이라는 실험계가 확립되자 프로토플라스트를 사용한 실험이 급속히 확산되었다. 그중에서도 세포 융합은 견고한 세포벽에서 해방된 프로토플라스트에 의해 비로소 가능하게 된 기술이다. 이런 과정으로 시작된 세포 융합은 식물 바이오테크놀로지

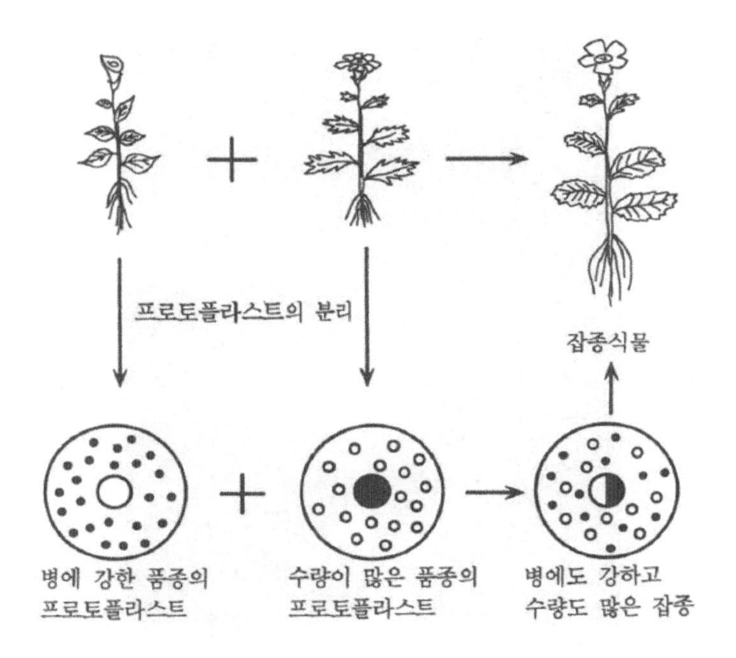

그림 4-6 | 세포 융합. 두 종류 식물(교배할 수 없는 것도 좋다)의 프로토플라스트를 융합시켜 양쪽의 성질을 갖는 식물을 만들 수 있다.

의 발전에 하나의 커다란 길을 닦아 놓았다(그림 4-6).

1909년 독일의 퀴스타(Kiister)는 처음으로 식물 세포를 세포 융합하였다. 그는 면도칼로 자른 양파 껍질에서 프로토플라스트를 짜내어 질산칼슘을 가하면 세포끼리 융합하는 현상을 관찰하였다.

그러나 그의 선구적 실험도 조직을 절단하여 얻은 정도의 프로토플라스트는 고작 관찰할 정도의 양밖에 안 되었다. 효소를 사용하여 프로

그림 4-7 | 니코티아나 그라우카와 니코티아나 랑스도르핀의 세포 융합으로 육종한 잡종 식물 (뿌리 부분은 종양화하고 있다)(Karson 등의 「Proc, Natl, Acad. Sci.」에서).

토플라스트를 얻게 된 뒤에는 효소 처리 중에 세포 융합이 일어나거나 하여 현상 자체는 자주 관찰되고 있었다.

그러나 이는 다른 세포 사이에서 이루어지는 것이 재미있다. 다른 식물의 융합으로 미지의 식물을 만드는 일은 육종가가 아니라도 흥미를 갖게 될 일이다.

이런 이종(異種) 식물 사이의 세포 융합이 처음 이루어진 것은 1972년

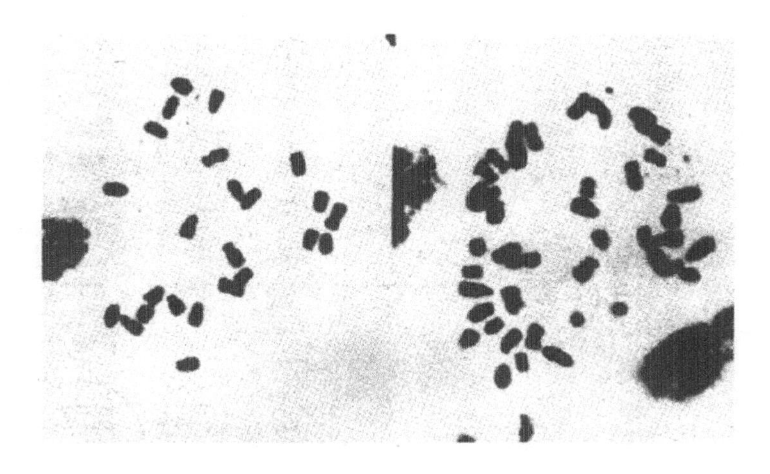

그림 4-8 | 니코티아나 그라우카의 염색체(왼쪽, 2n=24)와 잡종 식물의 염색체(오른쪽, 2n+2n′=24+18).

이다. 미국 브룩헤븐(Brookhaven)의 국립 연구소의 피터 칼슨(Peter Carlson)은 질산칼슘을 사용하여 담배 속의 니코티아나 글라우카(Mcoficww Glauce), 랑스도르핀(Lansdorfin)과 같은 다른 종을 세포 융합시키려 시도하였다.

이 담배의 조합은 잡종 세포(다른 종류 사이의 프로토플라스트가 융합한 세포)만이 종양화하여 배지의 식물 호르몬을 필요로 하지 않게 된다. 그 결과, 잡종 세포만 선발할 수 있다.

칼슨은 이런 방법으로 잡종 세포를 골라 재생시켜 식물체를 복원하였다(그림 4-7). 이 재생식물이 프로토플라스트의 융합으로 얻은 최초의 잡종 식물이다(그림 4-8).

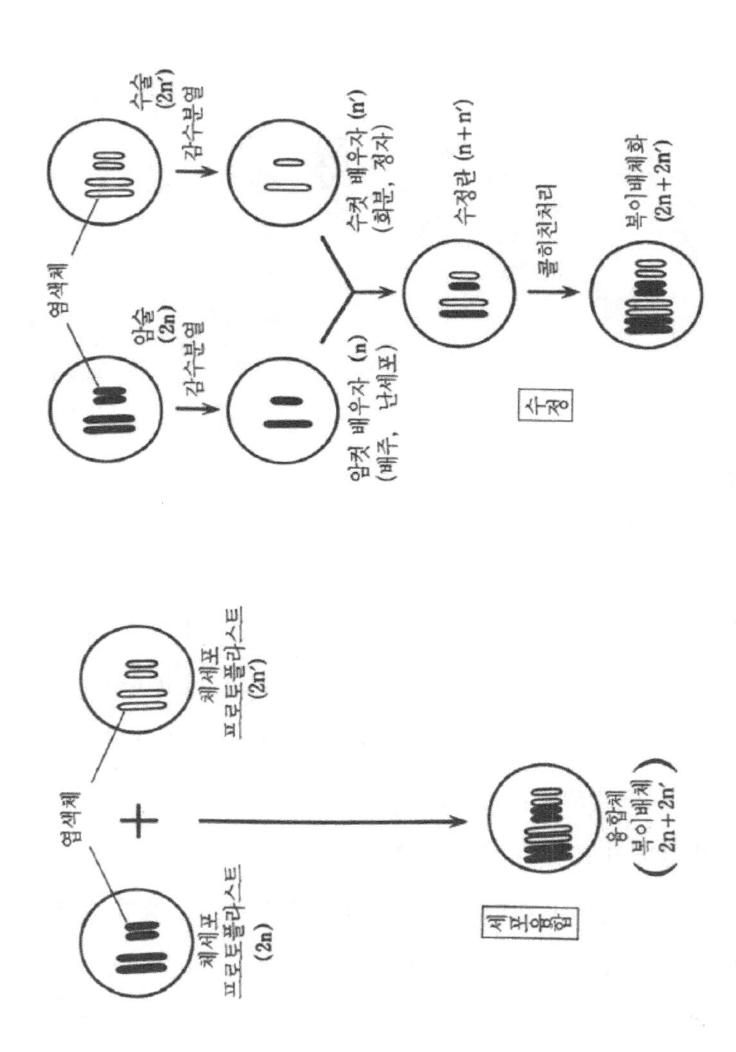

그림 4-9 | 세포 융합(왼쪽)과 수정(오른쪽)

이상의 예와 같이 다른 종간의 세포 융합은 일반적으로 동종끼리의 세포 융합과 구별하는 어떤 표시 즉 선택 마커가 필요하다.

칼슨이 만든 잡종 식물을 유전적으로 살펴보자.

일반적으로 프로토플라스트는 잎, 줄기, 뿌리와 꽃잎이라는 체세포와 그들로 된 배양 세포를 재료로 하고 있다. 즉, 프로토플라스트는 생식 세포가 합쳐진 것이 아니므로 융합 세포는 복이배체가 된다. 복이배체란, 어려운 말이나, 양친 고유의 각 게놈(생존에 필요한 최소한의 염색체 한 벌)을 양쪽 모두 가진 것을 말한다.

칼슨의 경우도 재생한 식물체는 복이배체였다. 그는 그것이 실제 잡종 세포에서 생긴 것인가 확인하기 위하여 별도로 교배시켜 조합시킨 잡종(n+ń)을 콜히친(colchicine) 처리(세포에 콜히친을 가하면 염색체의 분열 기능이 저해되어 염색체 수가 두 배 늘어난다)하여 복이배체(2n+2ń)로 만든 것과 비교하였다(그림 4-9). 그림에서 n, ń은 생존에 필요한 염색체의 수, 즉 게놈 염색체 수를 나타내며 양친의 각 게놈을 ń으로 하고 있다. 칼슨이 두 식물을 비교한 결과, 잎의 모양이나 생화학적 특징 등은, 세포 융합으로 생긴 잡종 식물과 교배(수정)하여 얻은 잡종이 서로 동일한 것을 나타내고 있다.

칼슨의 실험은 다른 종간의 세포 융합으로 새로운 식물이 만들 어질 가능성을 갖고 있었기 때문에 학계에 커다란 반향을 일으켰다. 단, 그 실험은 재현성이 부족하였기 때문에 비판이 있었던 것도 사실이다.

이처럼 프로토플라스트에 의한 세포 융합은 일반적으로 복이배체

식물을 만들어 수정과는 다른 형태로 염색체가 두 배로 된다.

이를 해결하는 데는 양친에 반수체(半數體, n)의 식물을 사용하면 된다. 그렇게 하면 n과 n의 세포가 융합하여 2n의 세포가 되기 때문에 수정과 마찬가지의 결과가 된다. 단, 반수체는 종자를 만들지 않기 때문에 싹눈 등의 영양 번식으로 개체를 유지하지 않으면 안 된다. 거기다 반수체는 배수체에 비해 약하기 때문에 실험 재료로서는 적합하지 않다.

일반 작물은 많은 경우, 이배체(2n) 이상의 사배체(4n), 육배체(6n)로 오히려 배수화한 경우가 훨씬 더 튼튼한 작물이 얻어지기 때문에 복이배체화하는 것은 그다지 문제가 되지 않는다.

어쨌든, 칼슨의 세포 융합 실험이 세포 융합 연구에 탄력을 붙인 것은 사실이다. 그리고, 다음 문제로서 더 효율 높은 실용적인 융합법을 찾게 되었다.

드디어 캐나다의 서스캐처원(Saskatchewan) 소재 국립 시험연구소의 올루프 갬보그(Oluf Gamborg) 연구실에서 그런 목적에 맞는, 즉 재현성이 있고, 융합률을 높일 수 있는 획기적인 방법을 발견하였다. 갬보그 연구실에 포스트 닥터(Post Doctor, 박사학위 취득 후의 단기간의 계약 취직)로 연구하려고 와 있던 중국계 카오(Kao)가 공을 이루었다. 이미 칼슨의 실험 후 2년이 지난 터였다.

당시, 카오는 실험실 시약 상자에 있는 시약을 하나하나 시험하며 프로토플라스트를 융합해 사용할 수 없는지 조사하고 있었다. 시약 양을 재지도 않고 아무렇게나 쏟아 용액을 만들어 융합이 일어나는가를 관찰하고 있었다 한다.

그러나 그런 방법이 오히려 행운을 가져다주었다. 조사한 물질 중 하나인 폴리에티렌글리콜(PolyeUiyleneglycol, PEG)이 30% 이상의 고농도가 되면 프로토플라스트의 융합이 일어났다. 일반적으로 단백질 정제에 사용되는 폴리에티렌글리콜 농도는 겨우 10% 정도이므로 30%란 용액이기보다도 끈적끈적한 풀에 가깝다.

시약의 양도 달지 않고 대량으로 가한, 과학자답지 않은 카오의 방법이 오히려 획기적인 융합체를 발견하는 계기가 되었다.

그러나, 여기에도 또 하나의 에피소드가 있다. 카오가 사용한 폴리에티렌글리콜은 실은 스웨덴의 우프수라(Uppsula)대학의 토마스 에릭슨(Thomas Eriksson)이 서배티컬로 갬보그의 연구실에 와서 실험하다가 남겨 놓은 시약이었다. 에릭슨은 당시 세포 융합 연구를 시작하여, 여러 시약을 시험하고 있었으며 폴리에티렌글리콜도 그중 하나였다.

에릭슨도 폴리에티렌글리콜이 세포를 융합시키는 작용이 있다는 감을 느끼고 있었던 것 같았으나 서배티컬이 끝난 후, 사용하고 있던 시약을 그대로 갬보그 연구실에 두고 돌아갔다. 에릭슨은 스웨덴으로 귀국한 뒤에도 세포 융합 연구를 계속하여 후에 그도 역시 독자적으로 폴리에티렌글리콜에 의한 융합법을 발표하였다.

필자가 전에 에릭슨과 만났을 때, '폴리에티렌글리콜은 사실 내가 가장 먼저 발견한 시약이다'라고 애석해하던 것이 생각난다.

폴리에티렌글리콜에 관한 카오와 에릭슨의 보고는 모두 1974년에 이루어졌다. 발표는 카오가 빨랐으나 에릭슨의 기여가 컸다.

어쨌든, 이렇게 하여 찾아낸 폴리에티렌글리콜은 식물 프로토플라스트의 융합뿐 아니라 동물이나 미생물의 융합에도 사용되기 시작했다. 최근에는 동물 세포의 모노클로날 항체(Monoclonal Antibody, 항원의 특정 부분만을 인식하여 검출할 수 있는 항체로 물질의 검출, 병의 진단 등에 사용된다)를 만드는 데도 사용되는 등, 오히려 동물이나 미생물 분야에서 사용되고 있다.

색다른 융합 식물

간편하고 재현성이 높은 폴리에티렌글리콜법이 개발되자 지금까지 세상에 존재하고 있지 않던, 즉 교배로는 만들어 낼 수 없었던 잡종 식물이 활발하게 만들어지게 되었다.

처음에는 담배나 피투니아, 흰독말풀, 당근 등 프로토플라스트계가 확립된 식물을 사용하여 다른 종 사이의 세포 융합을 하고 있었다. 그러나 이어서 더 먼 속이나 과 사이의 식물들도 체세포 잡종의 대상이 되었다.

그중에서도 커다란 뉴스거리였던 실험은 1978년 독일의 막스 플랑크 연구소의 메르허스에 의한 감자(Potato)와 토마토(Tomato)를 합쳐 낸 포마토(Pomato→Potato+Tomato)이다(그림 4-10).

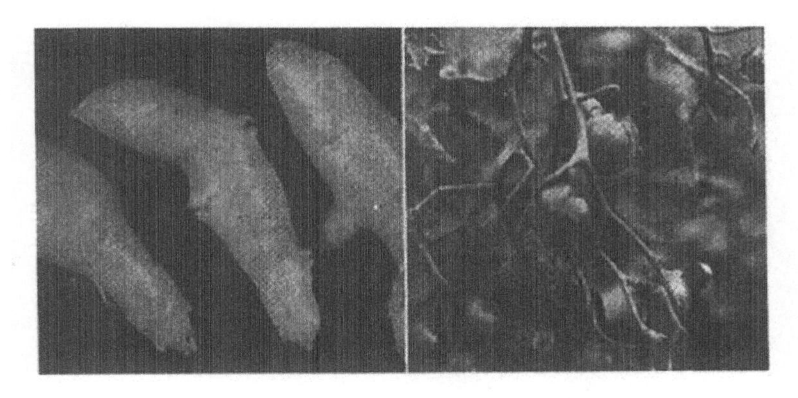

그림 4-10 | 포마토. 토마토와 비슷한 작은 과실과 감자에 가까운 알뿌리가 달려 있다(Kirin, 岡村正愛 제공).

줄기에는 작은 토마토 열매가 달리고 뿌리에는 감자가 달렸다. 이 기묘한 식물은 TV나 신문 등에도 보도되어 세상 사람들에게 '식물의 세포 융합'이 어떤 것인가 인식시키는 절호의 기회가 되었다.

사실, 그 이후에도 계속 국공립이나 민간 연구소 및 대학 등에 '식물 바이오테크놀로지'를 다루는 연구실이 신설 또는 증설된 것을 보아도 보도의 영향이 얼마나 큰가를 알 수 있다. 이와 관련하여 메르허스가 만들어 낸 포마토는 그가 은퇴한 후에도 토마토에 대한 내한성의 도입이라는 의미에서 일본의 니치레이(주)나 기린(주)에서 연구가 계속되었다.

이런 과정을 통해 실제로 많은 연구실에서 세포 융합에 손대게 되자 이번에는 세포학이나 유전학적으로도 흥미가 있는 사실이 발견되었다.

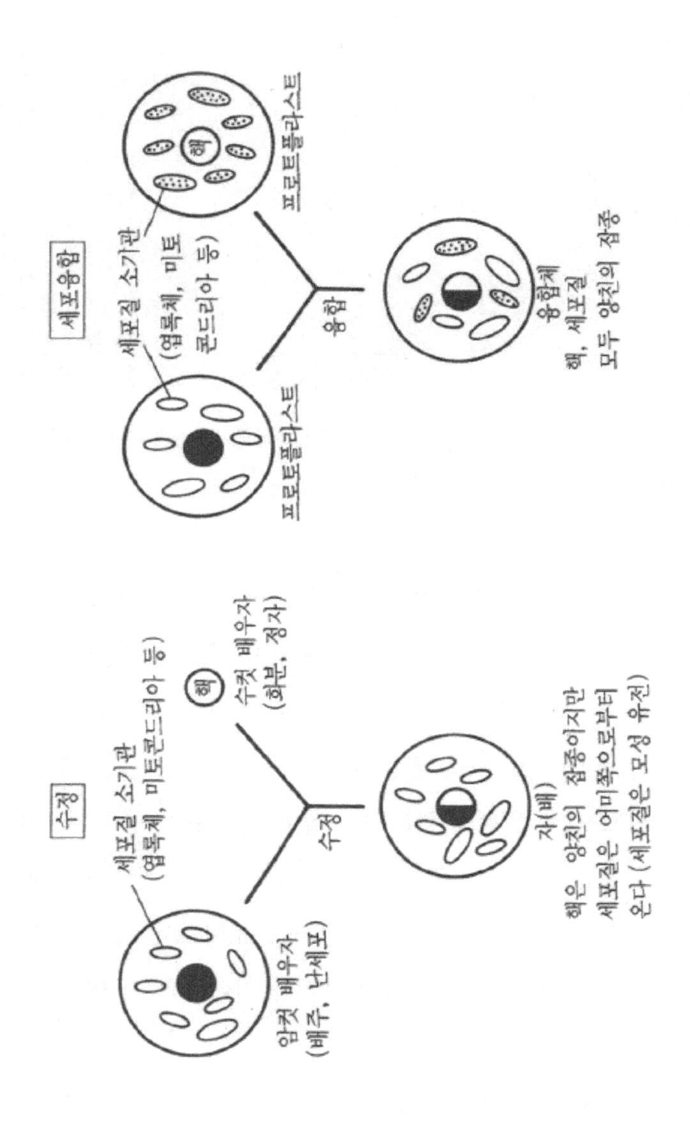

그림 4-11 | 수정과 세포 융합의 세포질 유전 차이

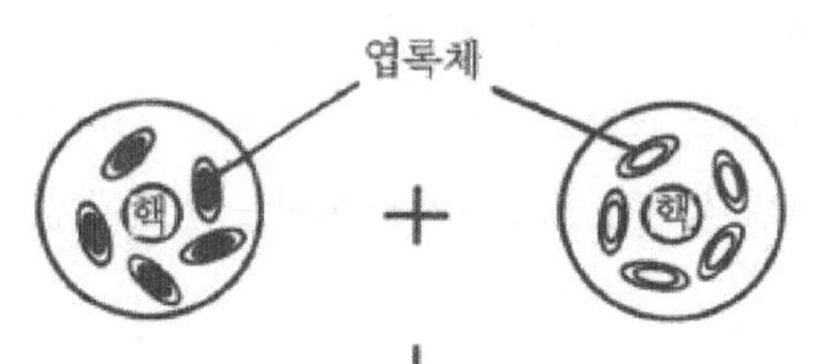

(녹색, 스트렙토마이신 감수성) (백색, 스트렙토마이신 내성)

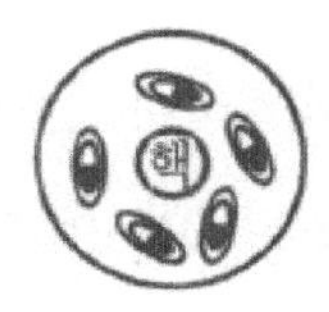

(녹색, 스트렙토마이신 내성)

그림 4-12 | 엽록체 DNA에 조합이 일어나고 있다.

지금까지의 성적 교배에서 보이는 수정의 경우 수컷 어버이의 정자에는 DNA가 함유되어 있지 않다. 즉 웅성(雄性)의 세포질 소기관(미토콘드리아, 엽록체 등)의 DNA는 거의 수정에 관여하지 않는다. 그래서 수정으로 생긴 수정란의 세포질은 어머니 쪽 난세포에 원래부터 있던 것뿐이다(그림 4-11).

그 결과, 엽록체나 미토콘드리아의 DNA에서 오는 형질은 모성 유전을 한다. 예로서 엽록체에 원인이 있는, 반점이 있는 잎이나 미토콘드리아 DNA로부터 유래하는 웅성불임의 성질에 대해서는 어머니 쪽 성질이 아들에게 이어지는 것이다.

그러나 세포 융합으로 생긴 체세포 잡종 식물은 수정으로 생긴 식물과 달리 어머니 쪽뿐이든가 아버지 쪽의 세포질을 하나 더 갖고 있다(그림 4-11). 즉, 융합 식물은 세포질만을 보아도 천연에 없었던 새로운 식물이다.

그러면, 자식의 세포질에 있는 양친의 미토콘드리아와 엽록체는 어떤 상태로 존재하고 있을까. 단지, 함께 사이좋게 공존하고 있을까, 그렇지 않으면 어느 쪽인가의 어버이의 미토콘드리아나 엽록체가 배제된 상태인가. 또 세포 내 소기관의 DNA에 대해서는 재조합이 일어나지 않은 것인가.

많은 연구자가 이런 의문을 갖고 체세포에서 생긴 식물체를 조사한 결과 미토콘드리아의 경우는 여러 융합 식물에서 양친의 미토콘드리아가 공존하고 있는 것으로 밝혀졌다. 미토콘드리아 DNA의 '잡종'이 만들어진 것이다.

한편, 엽록체에 대한 초기의 실험에서는 자식의 엽록체는 양친 중 한쪽만 발견되어 재조합 현상도 보이지 않았기 때문에 미토콘드리아와 엽록체에서는 거동이 다른 것으로 생각되고 있었다. 그러나 1985년 헝가리의 팔 말리가(Pal Maliga) 등이 스트렙토마이신(Streptomycin) 내성이며 흰색인 담배의 변이체를 녹색이며 스트렙토마이신 감수성인 담배와 융합한 결과 융합된 잡종 중에 스트렙토마이신 내성이면서 녹색인 식물이 발견되었다(그림 4-12).

스트렙토마이신 내성의 유전자도 녹색 색소의 유전자도 함께 엽록

그림 4-13 | 아라비도블라시카(오른쪽)와 그의 양친(왼쪽)(宮峰大學, 足立泰二 제공)

체에 있다. 그리고 흰색의 담배는 엽록체의 색소가 결손되어 있고, 녹색 담배는 색소가 정상인 것을 나타내고 있다.

그러므로 스트렙토마이신 내성이면서 녹색인 담배는 엽록체 DNA에 재조합이 일어나지 않았으면 생기지 않았다. 즉, 이 융합 식물은 엽록체에도 재조합이 일어나는 것을 의미하고 있다.

말리가가 엽록체 DNA를 조사한 결과, 미토콘드리아와 마찬가지로 양친에게서 받은 엽록체 DNA 사이에도 확실히 재조합이 일어나고 있다.

이처럼 세포 융합으로 생긴 체세포 잡종은 교배로 얻어진 잡종과는 다르며, 이 특징을 살리면 작물 육종에 새로운 가능성을 일으킬 수 있다. 예로서, 세포질에 있는 웅성불임성 등의 DNA를 세포 융합으로 재배종에 옮기려는 시도도 있다.

세포 융합의 장점은 세포질을 도입할 수 있는 것만이 아니다. 지금까지 교배할 수 없었던 조합시킨 잡종도 만들어 낼 수 있다. 이 경우는 세포질뿐 아니라 핵에 교배되는 형질에 대해서도 새로운 조합을 만든다. 단, 문제는 속간, 과간으로 멀어질수록 종자가 만들어지기 어려운 점(불염성)과 형태 이상을 나타내기 시작하는 점이다.

앞에서 말한 속이 다른 식물 간의 잡종 포마토의 예에서도 형태는 양친의 중간적 형태를 가지며 줄기, 잎, 꽃으로 분화하나 발육은 나쁘고 씨를 맺지 않았다. 또 겨자와 유채의 일종인 블라시카와의 체세포 잡종에서는 줄기잎을 분화한 것이기 때문에 뿌리도, 꽃도 기관 분화되지 못했다(그림 4-13).

나아가 나팔꽃과 벨라돈나의 체세포 잡종은 이상한 엽상체(뿌리, 줄기, 잎이 미분화한 개체)를 형성한 것뿐이다. 이들 원년(遠緣)의 조합에 의한 체세포 잡종에서는 염색체에 불화합성이 있으므로 정상식물이 만들어지지 않는다.

이런 잡종 식물이 나타내는 이상 형질 중에서도 특히 염성(수정 능력)의 결손은 육종상의 커다란 장해이다. 그래서 원년 간의 세포 융합 시 정상적인 재생과 염성을 유지하도록 하는 새로운 방법이 필요하게 되었다. 여기서 먼저 떠오르는 것이 비대칭 융합이다.

'당근'+'파슬리'

먼 사이의 세포 융합에는 한계가 있다. 지금까지 먼 사이를 조합시켜 융합시키면 융합 후에 어느 쪽인가의 염색체가 탈락하기 쉬운 것이 알려져 있었다.

실제 먼 식물 간의 세포 융합으로 재생한 식물을 조사해 보면 한쪽의 염색체가 탈락하는 일이 많다.

이 염색체의 탈락이라는 현상은 동물 세포에도 보인다. 예로서 사람과 쥐의 세포 융합으로 생긴 잡종 세포는 사람의 염색체만 탈락하고 있다.

그래서 인류 유전학에서는 이런 현상을 반대로 이용하여 탈락을 면한 한 가닥의 사람 염색체의 형질을 포사하고 있다. 사람의 염색체 유전자의 지도는 실은 이 방법으로 더 많이 만들어져 왔다.

식물이나 동물에서도 게놈 사이에 불화합성이 있으면 반드시 한쪽의 염색체가 선택적으로 탈락하고 만다. 그렇다면 처음부터 한쪽 어버이 세포의 염색체나 세포질을 불활성화, 즉 기능을 없애 버리면 재생 식물이 처음부터 끝까지 잘 얻어지는 것이 아닐까.

비대칭 융합은 그런 생각에서 한쪽 세포의 핵이나 염색체를 X선 등으로 불활성화하거나 세포질 쪽의 소기관을 약제로 불활성화시키고 나서 융합하는 방법이다(그림 4-14, 아래). 그렇게 하면 유전자를 지나치게 도입하는 일 없이 게놈 사이의 불화합성도 피할 수 있다. 또 형태적으로도 정상에 가까운 식물체가 형성되게 될 것이다.

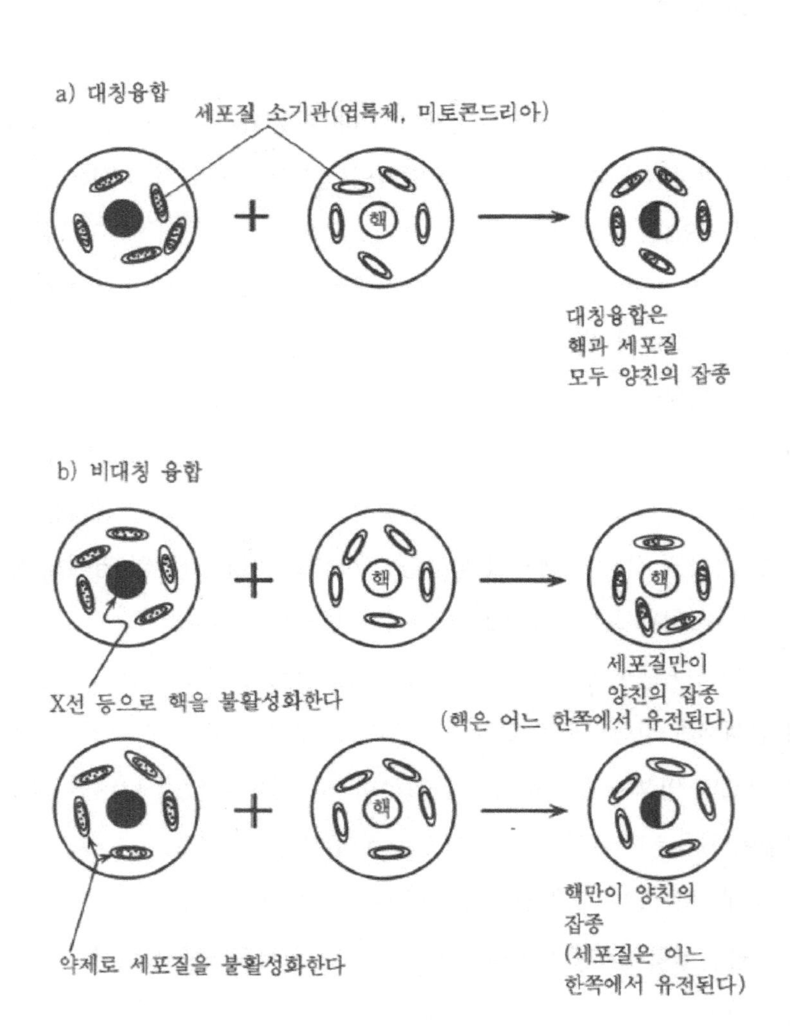

그림 4-14 | 대칭융합과 비대칭 융합

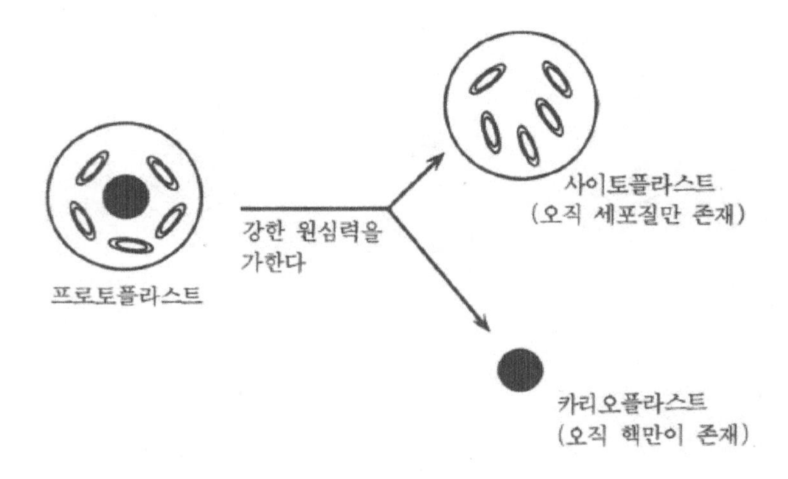

그림 4-15 | 사이토플라스트와 카리오플라스트

비대칭 융합에 대해 세포 전체를 아무런 처리도 하지 않고 융합시키는 것을 대칭 음합이라 한다(그림 4-14, 위).

세포 융합은 처음에는 대칭 융합이 많이 사용되었으나 최근에는 융합 식물의 재생이라는 점에서 비대칭 융합을 사용한 잡종 식물이 적극적으로 만들어지고 있다.

예로서, 듀디(D. Dudits) 등은 대칭 융합으로는 전혀 불가능한 당근과 파슬리의 잡종 식물체를 비대칭 융합법으로 만들고 있다.

또, 구프타(M. Gupta) 등은 과리속 식물의 일종을 X선으로 불활성화시켜서 흰독말풀과 융합시켜 과리속 식물의 염색체를 하나 갖는 식물

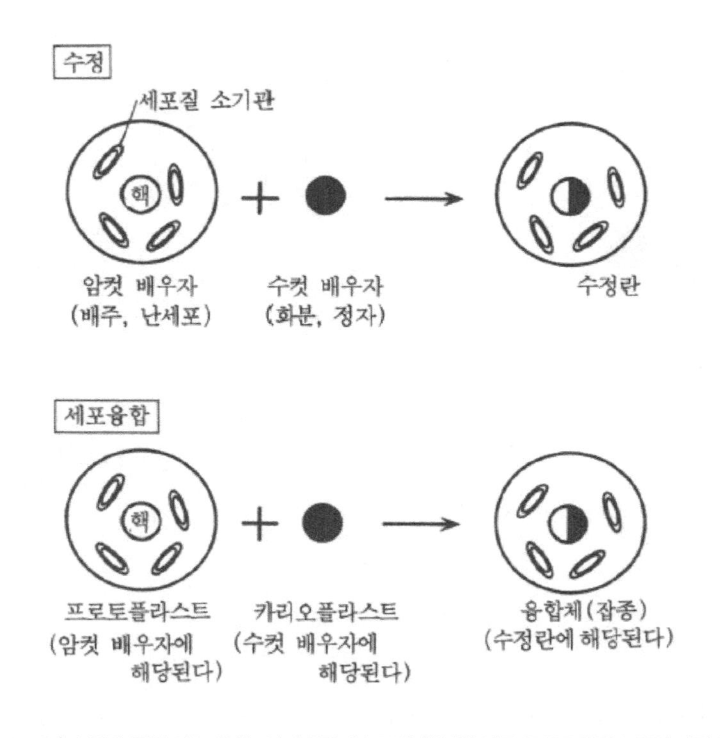

그림 4-16 | 수정과 동형 세포 융합. 카리오플라스트가 화분이 되고 프로토플라스트가 배가 된다.

을 재생시키고 있다. 이런 비대칭 융합(핵에서가 아니고)을 세포질 중의 유전자에도 적용할 수 있도록 발전시킨 것이 세포질 잡종(cybrid)이다.

즉, 핵은 한쪽 어버이에게서만 받는 데 반해 세포질은 양친에게서 받아들이고 있으므로 세포질 잡종이라 한다. 세포질 내 소기관의 유전자 재조합 등에도 편리하다.

먼저, 프로토플라스트에 강한 원심력을 걸면, 핵만을 함유한 무거운

그림 4-17 | 프로토플라스트에 의한 핵 치환

서브프로토플라스트(karyoplast)와 핵을 함유하지 않은 세포질만의 서브프로토플라스트 (cytoplast)로 나눌 수 있다(그림 4-15).

이렇게 하여 얻은 사이토플라스트나 카리오플라스트를 프로토플라스트에 융합시키면 핵 게놈과 세포질 DNA에 대해 5가지 조합체가 얻어진다.

그리고 이 중에서 자연 수정에 가까운 조합체를 고를 수도 있다. 즉, 한 식물의 카리오플라스트와 다른 식물의 프로토플라스트를 융합시키면 수정의 경우와 마찬가지 형이 얻어진다(그림 4-16).

또, 한 식물의 핵을 다른 식물의 핵과 치환하는 것을 핵 치환이나 핵

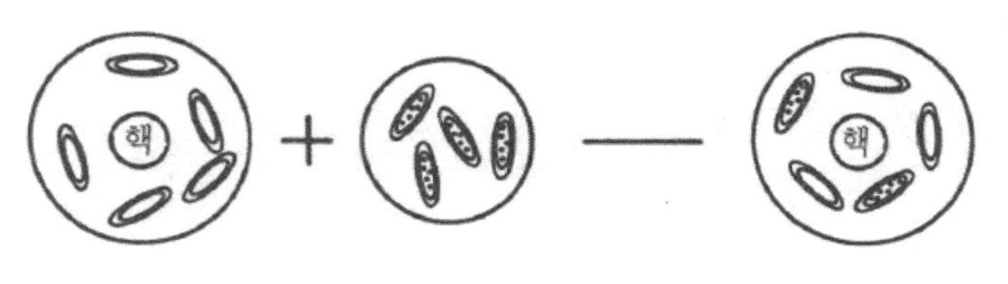

그림 4-18 | 세포질 잡종(사이브리드)

이식이라고 하며 이는 육종적으로는 핵이 치환되는 쪽을 어머니 쪽으로 하고 핵을 도입하고 싶은 쪽을 아버지 쪽으로 하여 몇 번이고 교배를 반복해야 한다.

핵 치환은 프로토플라스트를 사용하면 쉽다. 즉, 한 식물의 카리오플라스트와 다른 식물의 사이토플라스트를 융합시키면 융합은 핵 치환이나 핵 이식과 마찬가지 결과를 나타나게 마련이다(그림 4-17).

또, 프로토플라스트의 융합에 의한 잡종 만들기는 육종적 방법으로는 안 되는 일을 하는 것이다. 그것이 앞에서 말한 사이브리드이다.

한쪽을 사이토플라스트로 하고 다른 쪽을 프로토플라스트로 하여 융합시키면 교배로는 얻어지지 않는 세포질 잡종(사이브리드)을 만들 수 있다(그림 4-18).

이와 같이 프로토플라스트에 의한 세포 융합은 지금까지의 육종법 일부를 대신하는 일도 가능하고, 육종법으로는 불가능하였던 일도 해

세포공학은 멘델을 앞지를 것인가?

치울 수 있다. 핵 치환을 육종적으로 하는 데는 되돌리기 교잡을 몇 번이고 반복하여 완전한 핵 치환을 이루는 데 10년, 20년이란 장기간을 필요로 한다. 그러므로 세포 융합은 단순히 육종의 대행만이 아니고 육종 기간의 단축이라는 커다란 의미가 있다.

특히 실용 측면에서는 비대칭 융합이 매우 유용한 방법인 것으로 나타나고 있다. 즉, 작물의 육종은 병해 저항성, 제초제 저항성 등 일부 필요한 형질만을 작물에 도입하는 경우가 많기 때문이다.

나아가, 비대칭 융합의 커다란 장점으로, 도입하고 싶지 않은 형질을 미리 제거하여 놓을 수 있는 점이 있다. 즉, 지금까지의 육종법으로는 야생주의 과잉의 형질, 예로서 나쁜 맛, 낮은 수율 등의 형질을 제거하기 위해 되풀이 교잡하는 쪽이 처음의 잡종을 만들기보다 시간과 노력이 더 많이 들어가는 것이 보통이다.

비대칭 융합을 더 발전시켜 최근에는 프로토플라스트에 목적 형질을 갖는 염색체만을 도입하려는 생각도 있다. 그 때문에 프로토플라스트에서 염색체를 분리하는 일도 여기저기서 시도되고 있다. 그러나 그런 기술이 일반화되면 필요한 유전자를 갖는 염색체만 모아서 목적하는 식물의 프로토플라스트에 도입할 수 있게 될지도 모른다.

세포나 세포를 구성하는 세포 내 소기관을 조작하는 것을 일반적으로 세포 공학이라고 하며, 프로토플라스트를 이용한 세포 공학의 발달은 멘델 유전에 기초한 육종적 방법을 능가하는 기술로서 크게 기대되고 있다.

일본 연구진, 오래간만의 히트

이미 조직 배양 방법이 확립되어 있던 담배나 피투니아에서 시작된 프로토플라스트의 분리는 이어서 적용 범위를 넓혀 단자엽식물이나 목본류에도 이루어져 왔다.

잘 아는 바와 같이 고등식물을 크게 두 가지로 분류하면 쌍자엽식물과 단자엽식물로 나누어진다. 쌍자엽은 발아하여 처음 나오는 잎이 두 장이고, 단자엽은 한 장인 데서 이름을 붙였다. 둘은 뿌리나 몸의 구조, 엽맥이나 꽃의 구조도 서로 크게 다르다(그림 4-19).

단자엽식물은 농업상 중요한 식물이 많다. 밀, 보리 등의 맥류, 벼, 옥수수 사탕수수 등은 모두 단자엽식물이다.

그래서, 가짓과나 미나릿과, 유채과 등의 쌍자엽식물의 프로토플라스트계가 확립되자 단자엽식물의 프로토플라스트에 도전하는 두 그룹이 나타났다. 하나는 미국 플로리다대학의 인도계 미국인 인드라 바실(Indra Vasil)의 연구실이고, 또 한 곳은 스위스 프리드리히 미셔(Friedrich Miescher) 연구소의 잉고 포트리커스(Ingo Potrykus) 등이다.

포트리커스는 잎에서, 바실은 미숙배(未熟强)의 캘러스에서 각기 프로토플라스트를 얻어 배양을 시도하고 있었다. 미숙배는 수정되지 않은 배(E)로 종자가 된다. 미숙배나 완숙배(종자)의 캘러스는 예로부터 분열 능력 및 재생 능력이 매우 높은 것으로 알려졌다.

바실은 재생 능력이 높은 미숙배와 완숙배의 캘러스에서 프로토플

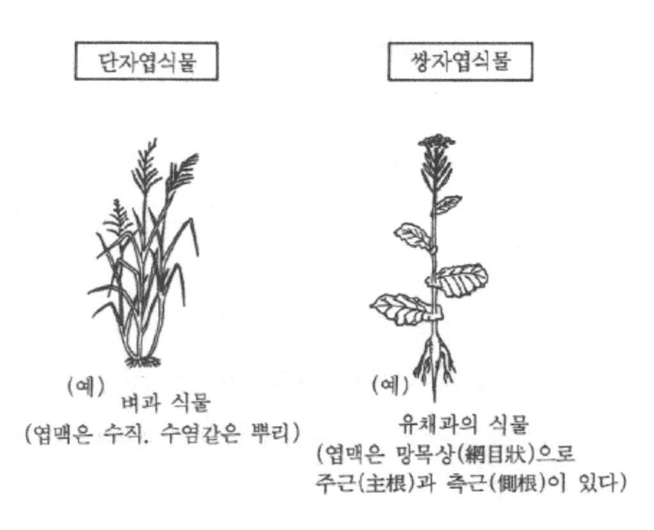

그림 4-19 | 단자엽식물과 쌍자엽식물의 차이

라스트를 얻으면 식물체로 복원될 수 있을 것으로 생각하였다. 포트리커스는 잎의 프로토플라스트는 얻기는 쉬우나, 전혀 분열되지 않는다는 것을 알고 있었다. 그래서 바실은 분열 능력이 높은 배의 캘러스에 기대게 된 것이다.

바실의 생각은 1980년에 옳은 것으로 증명되었다. 그는 단자엽식물의 일종인 야생 피(벼와 같이 생겼으나 열매가 작고, 다름)나 조의 미숙배를 캘러스화하여, 거기서 얻은 프로토플라스트를 재료로 외떡잎식물의 재생에 성공하였다. 그러나, 그의 보고가 나온 뒤도 그의 방법은 널리 퍼지지 못했다. 포트리커스를 비롯한 다른 그룹에 의한 집요한 비판과 재현성을 의문시하는 연구자들이 많았기 때문이다.

그림 4-20 | 벼 프로토플라스트로부터의 식물체 재생(三井東堅·菌村達人 제공)

그 때문에 바실의 방법으로 곡물을 시험하려는 연구자는 적었다. 또, 확인하러 갔던 사람도 부정적인 결과를 얻었을 뿐이었다.

바실이 보고하고 수년이 지난 후 바실과 마찬가지로 미숙배의 캘러스를 사용하여 일본에서 벼의 프로토플라스트 재생에 성공하였다(그림 4-20). 처음 시도한 사람은 미쓰이 도아쓰화학의 후지무라(蕩村)이다. 후지무라는 바실과 포트리커스가 자주 싸우는 것도 모르고, 당근의 부정배를 학생 시대에 다룬 일이 있어서 배의 캘러스에 기대를 걸고 있었다. 그들은 세밀하게 배지를 검토하여 일본의 대표적 작물인 벼에서 마침내 프로토플라스트를 재생시킬 수 있었다.

그들의 보고를 계기로 일본 각지에서 벼의 프로토플라스트의 분리

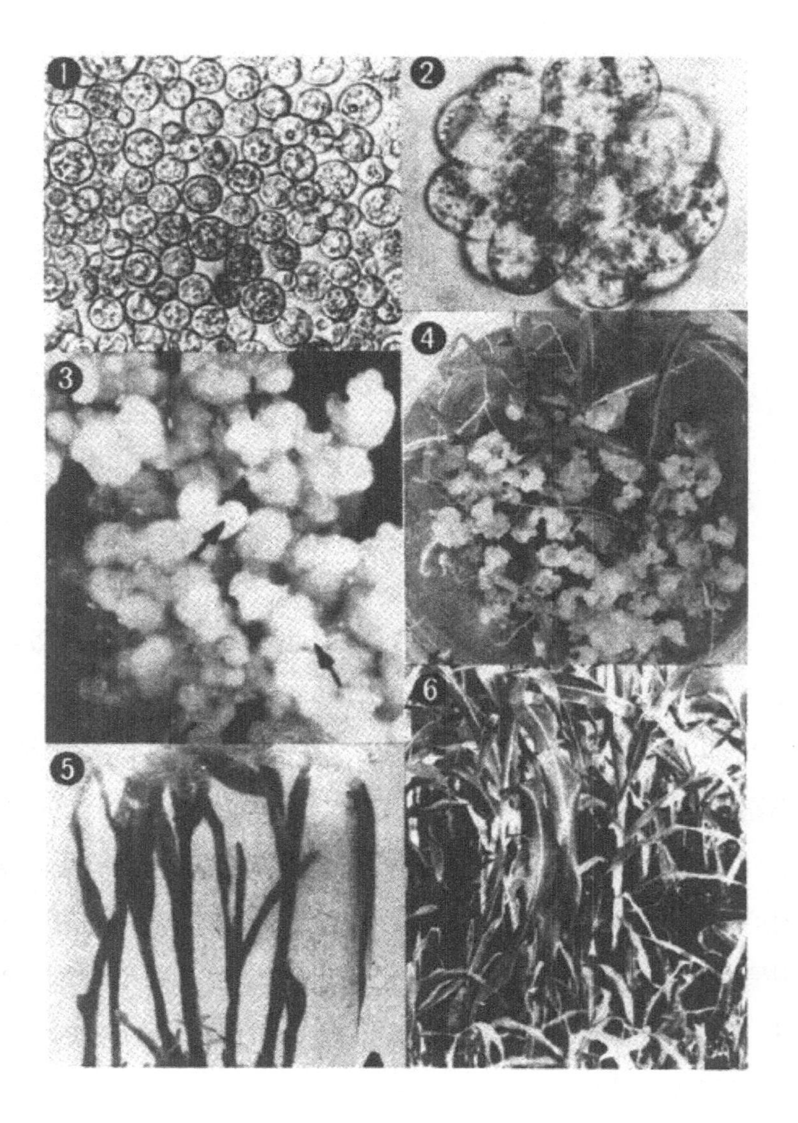

그림 4-21 | 옥수수 프로토플라스트로부터의 식물체 재생

와 배양이 앞다투어 계속되어 일본의 프로토플라스트를 다루는 연구자들 사이에 하나의 붐이 일어났다.

이는 다케베 등이 담배에서 성공한 후 약 20년 후의 일이다. 오래간만의 히트였다. 일본에서 벼 프로토플라스트 식물체를 재생하게 되자 정체되어 있던 일본의 프로토플라스트 연구자들은 커다란 활기를 띠게 되었다.

일년 후 영국의 코킹도 독자적으로 벼의 프로토플라스트 분리에 성공하였다. 벼의 성공에 자극받아 이번에는 한꺼번에 옥수수와 밀 등의 주요 곡물 프로토플라스트의 분리를 시도하게 되었다.

그 결과, 이들 식물의 프로토플라스트에도 식물체 재생에 성공하였다. 벼의 성공 후 3년 뒤인 1988년 미국 샌도즈(Sandoz)사의 그룹에 의해 옥수수 프로토플라스트에서의 재생이 보고되었다. 그에 이어 1989년에는 미국의 DNA플랜트테크놀로지(DNA Plant Technology)사와 치바가이기사도 재생에 성공하였다(그림 4-21).

한편, 밀에 대해서도 1990년 바실 역시 미숙배 캘러스의 프로토플라스트를 사용하여 재생하였다. 그런 상황이라, 지금은 벼, 밀, 옥수수 등의 곡물 프로토플라스트의 개발이 춘추 전국 시대의 모습을 띠고 있다. 하나의 획기적인 옥수수의 개발은 1000억 엔의 수익을 올릴 수 있는 것으로 계산되므로 이들 주요 곡물의 개발에 세계의 화학, 제약, 식품회사가 격전을 벌이고 있는 것도 무리가 아니다.

육종에서 프로토플라스트를 이용하는 것은 곡물이나 야채만이 아니다. 지금까지 신품종의 육성에 오랜 시간을 요구하던 목본류를 대표로 하는 영년성(永年性) 작물에도 매우 유효하다.

목본류는 한 세대가 매우 긴 것은 말할 필요도 없으며, 수십 년에 걸친 것도 부지기수이다. 예로서 육종적 방법으로 잡종을 만들어도 씨를 맺을 때까지 키우는 데는 매우 오랜 시간이 걸린다. 그러므로 프로토플라스트 사이의 세포 융합에 의한 시간 단축은 매우 효과적이다.

단, 현재의 시점에서 목본류 프로토플라스트의 재생계가 얻어져 있는 경우는 매우 적다. 보고된 것은 주로 오렌지, 귤 등의 밀감류로서, 그 외에 서양 다래와 미류나무 정도이다.

그러나 목본류의 프로토플라스트화에 대한 연구가 진행되어 과수 외에도 노송나무, 삼나무 등 경제적으로 중요한 삼림 목본류에도 적용되게 되면 임업에 커다란 도움이 될 것이다.

세포 융합이 낳은 새로운 식물

프로토플라스트의 재생계가 여러 식물에서 얻어지게 되자 프로토플라스트의 세포 융합에 의해 몇 가지 재미있는 작물이 만들어졌다. 그중에는 실용적으로 가치 있는 것도 있고 학문적으로 흥미를 자아내는 것도 있다.

미국의 로버트슨(Robertson)은 세포질 웅성불임의 브라시카 오레라시

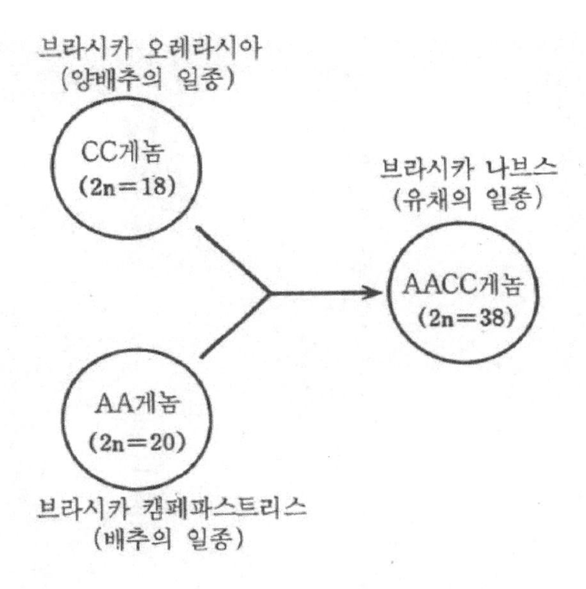

그림 4-22 | 양배추와 배추에서 유채가 생겼다

아(Brassica Oleracea, 양배추와 모란채의 일종)와 제초제의 일종인 아트라진(Atrazine)에 내성을 갖는 브라시카 캠페스트리스(Brassica, 배추의 일종)의 게놈을 대칭 융합시켰다. 생긴 융합 식물은 아트라진 저항성의 보라시카 나푸스(Brassica Napus, 유채의 일종)의 식물이 되어 있었다(그림 4-22).

로버트슨의 실험은 유채씨를 만들기 위해 대칭융합에 의한 복이배체 잡종 작성 방법을 잘 이용한 것이다.

한편, 멘첼(Menczel) 등은 세포질 웅성불임의 유채씨 엽육 프로토플라스트에 X선을 조사하여 유채씨 재배 품종의 배축(E軸) 프로토플라스

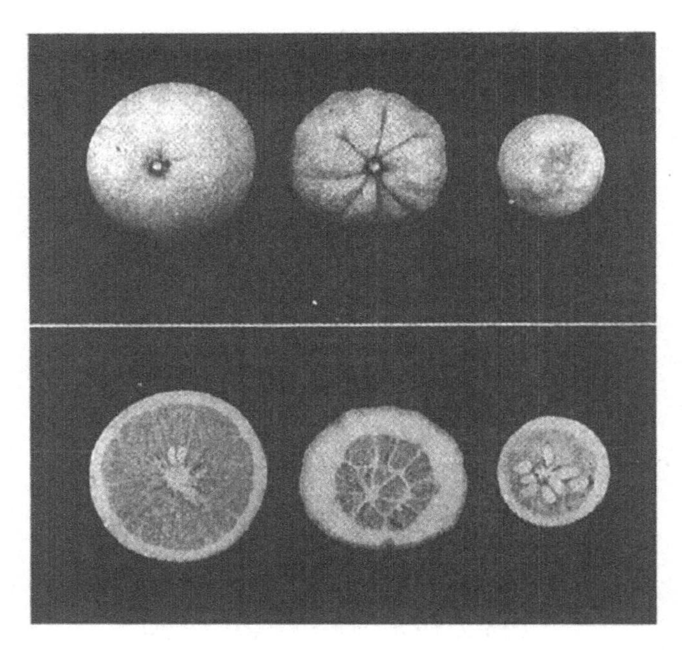

그림 4-23 | 오렌지(왼쪽)와 탱자(오른쪽)를 융합시킨 오레다치(중앙)(果樹試, 小林省藏 제공)

트와 비대칭 융합시켰다. 이는 재배 품종의 유채에 웅성불임을 도입하기 위해서이다.

이런 웅성불임의 작성 기술은 F_1 잡종 작성에 매우 중요하기 때문에 많은 재배 식물에서 시도되고 있다. 일본에서도 실용 품종에 가까운 웅성불임종이 몇 가지 만들어지고 있다.

일본 담배산업은 웅성불임주인 담배의 프로토플라스트에 X선을 조사, 핵을 불활성화하여 재배 품종과 세포 융합시켜 웅성불임의 성질을 갖는 쓰쿠바 1호를 만들었다. 이는 일본에서 세포 융합을 이용한 종묘 제1호로 등록되어 있다.

'쓰쿠바 1호'를 만드는 것은 지금까지의 육종에 의한 핵 치환에 의해서도 가능하나 프로토플라스트 사이의 융합으로 육종 기간을 단축한 좋은 예이다. 실제, 세포 융합을 사용하면 6~7개월로 목적 품종에 웅성불임의 성질이 도입될 수 있기 때문에 지금까지의 육종적 방법으로는 10년 걸리던 연 단위를 월 단위로 단축할 수 있다.

벼에서도 미쓰이 도아쓰화학 식물 공학 연구소나 도쿄대학 그룹이 사사니시키(Oryza Sativa, Sasanisiki)나 고시히카리(Oryza Sativa, Kosihikari)종에 비대칭 융합으로 웅성불임을 도입하고 있다.

그 외에도 아직 실용화되지는 않았으나 많은 연구기관에서 식물 세포 융합이 시도되고 있다. 그중에는 연구자가 장난스럽게 붙인 재미있는 이름의 새로운 식물도 있다.

오렌지와 가라다치(탱자)가 융합한 '오레다치'(그림 4-23), 이네(벼)와 히에(피)가 융합한 '히네', 멜론과 가보챠(호박)가 합쳐진 '멜로챠' 등. 이런 식으로 나가면 유카오(박)와 가라다치(탱자)가 합쳐진 '유다치'라든가, 히카게노카즈라(석송)와 아사가오(나팔꽃)가 합쳐진 '히카게가오' 등이 예시이다. 이런 재미있는 이름 붙이기도 새로운 시대를 이야기해 주고 있었다(그림 4-23).

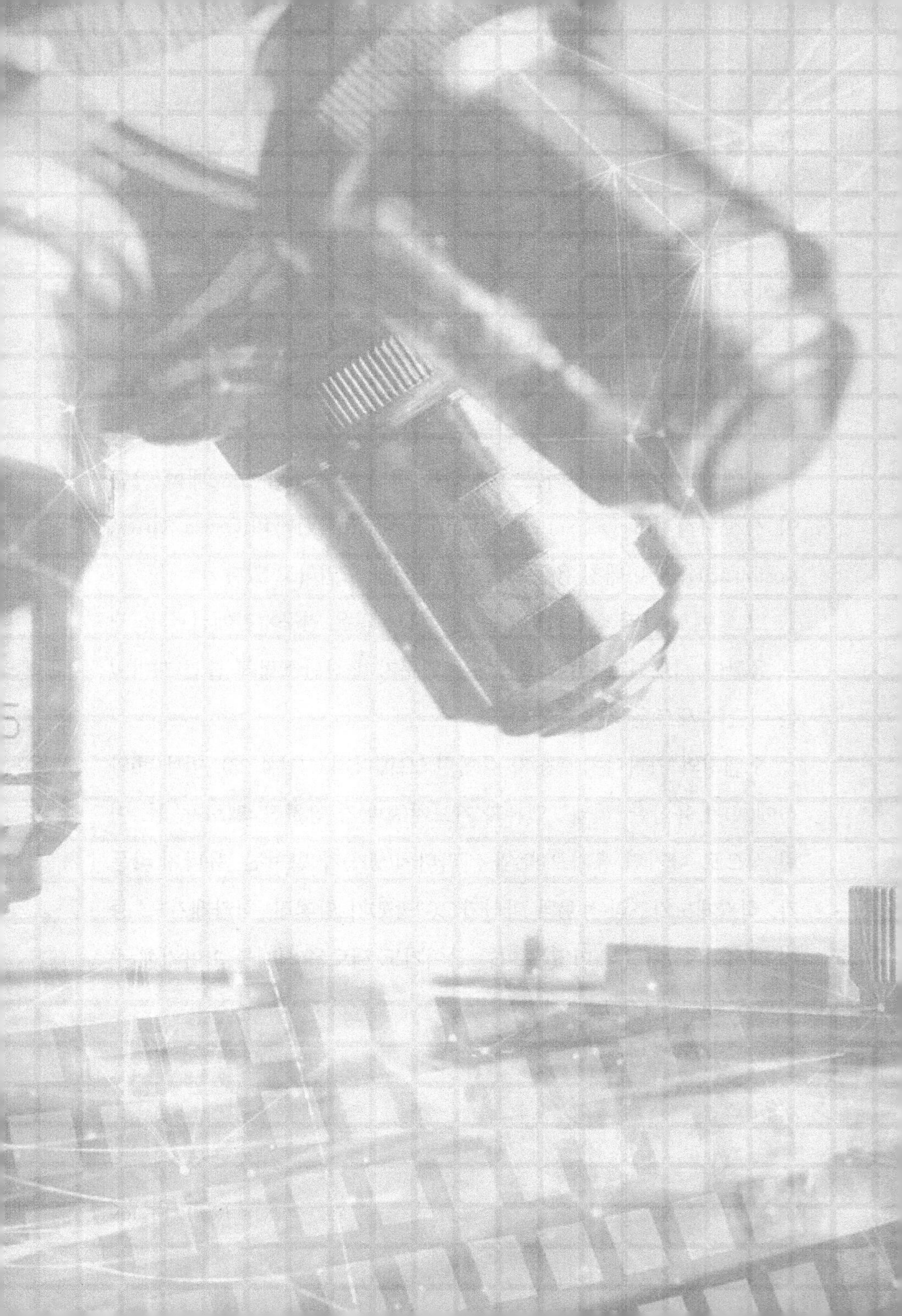

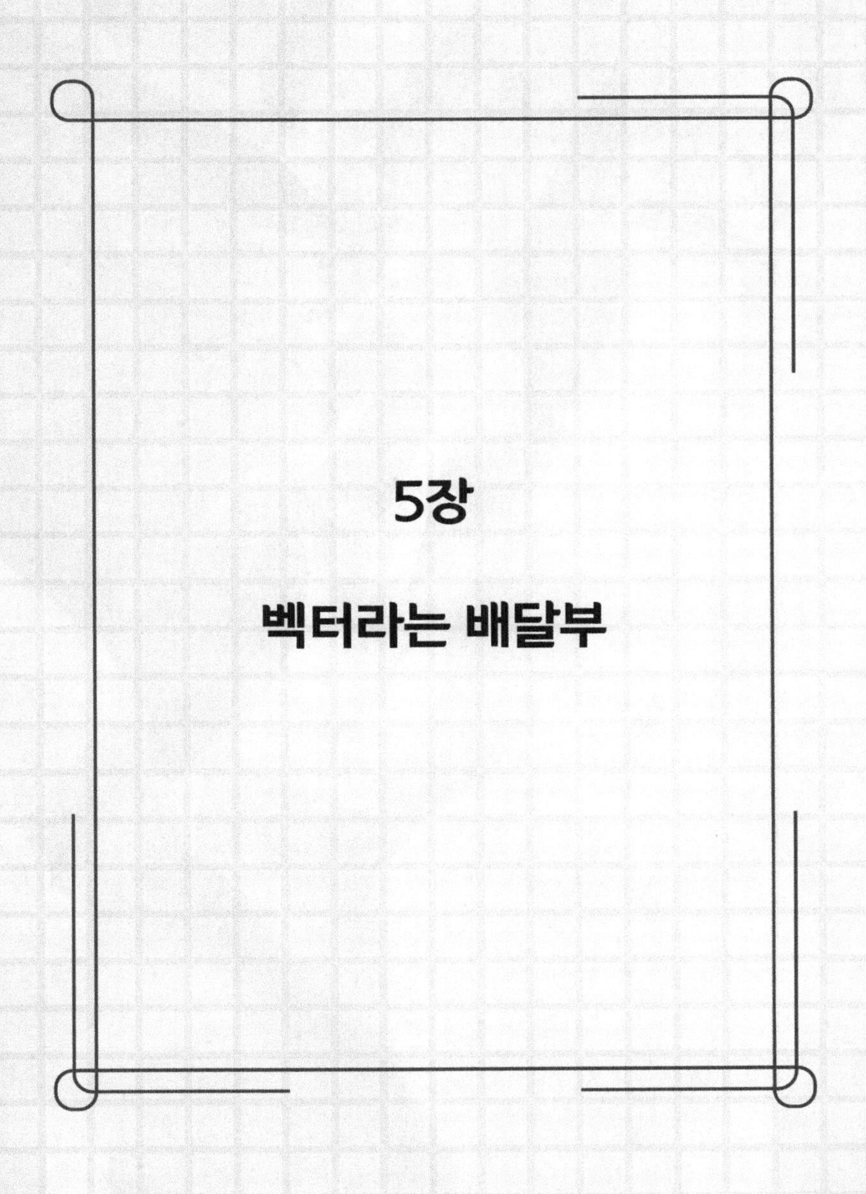

5장

벡터라는 배달부

칠전팔기

1944년 오스왈드 에이버리(Oswald Avery) 등은 세균을 사용하여 외래 DNA를 균에서 발현시키는 형질 전환에 성공하였다. 그 후, 식물에서도 유사한 현상을 찾는 사람들이 계속 나타나게 되었다.

1960년대에 들어 벨기에 원자력연구소의 레듀(Ledoux)와 독일 호헨하임대학의 헤스(Hess)가 고등식물에서 형질 전환에 일어났다고 주장하는 최초의 실험 결과를 발표하였다.

레듀 등이 한 실험은 두 가지였다.

하나는 보리나 토마토 등의 발아 종자에 마이크로코카스(Micrococcus, 세균)나 스트렙토미세스(Streptomyces, 방선균) 등의 DNA를 끼워 넣어 보리, 토마토 등의 핵 DNA에 확실히 끼여 들어갔다고 주장하는 실험이다.

또 하나는 애기장대의 티아민 요구주(배지에 Thiamine이라는 화합물을 가하지 않으면 살지 못하는 주)에 세균이나 파지의 티아민 합성 유전자를 끼워 넣어, 티아민 비요구성으로 만들었다고 주장하는 실험이다.

그들이 보고하자마자 '식물에도 형질 전환이 일어났다'라고 화제를 불러일으켜 몇몇 연구실에서 바로 후속 실험에 들어갔다. 그러나 그 중 레듀 등의 결과를 긍정하는 결과가 얻어진 곳은 한 군데도 없었다.

레듀의 실험을 본 사람 중에는 추출 DNA 갈색으로 불순하였다 한다. 그래서 형질 전환이 일어났다고 주장하는 실험 결과는 DNA가 불순하여 일어나는 이상한 결과이든지, 세균의 혼입에 의한 결과일 것으로 결론지었다.

한편, 헤스는 흰 꽃 피투니아에 빨간 꽃 DNA를 끼워 넣는 실험을 하였다. 일련의 실험 결과, 매우 높은 빈도로 빨간색 색소인 안토시아닌(Anthocyanin)이 합성되어 형질이 전환되었다고 보고하였다. 그러나 이 실험도 역시 다른 연구실에서는 재현성이 얻어지지 않았다.

그림 5-1 | 애기장대(Arabidopsis thaliana). 게놈(gen-ome=DNA 양)이 작으므로 식물 유전자 조작 실험에 잘 사용되며 식물의 '오랑우탄초파리'라고도 한다(牧野富太郎 「식물도감」에서).

헤스의 결과에 네덜란드 암스테르담대학의 비안치(Bianchi)는 해부학적으로 연구하여 헤스 등의 형질 전환설의 근거가 되어 있는 빨갛고 흰 모자이크 형태의 꽃은 환경에 의해 꽃색이 변하기 쉬우므로 잎이나 꽃의 체세포 돌연변이로 설명될 수도 있어서, 반드시 형질 전환이 일어났다고 할 수는 없다고 비판하였다.

이와 같이 형질 전환을 주장하였던 초기의 실험은 당시의 엉성한 해석 기술과 유전적 지식의 결핍 등으로 의심받을 점이 많아 현재까지 인정되는 것은 하나도 없다.

식물체를 사용한 레듀나 헤스의 실험은 그래서 부정되고 있었으나 배양 세포가 쉽게 얻어지게 되자 이번에는 배양 세포를 숙주로 한

DNA를 집어넣는 실험이 이루어졌다.

오스트리아대학의 도이(Doy)는 토마토와 애기장대의 반수체(염색체 수가 보통의 반의 배양 세포에 대장균 파지의 베타 갈락토시다제(β-galactosidase, 젖당을 분해하는 효소) 유전자를 도입하려는 실험을 하였다(그림5-1).

토마토의 세포는 배지의 당원을 포도당이 아니고 젖당으로 하면 수주 내에 죽어 버린다. 그러나, 대장균의 베타 갈락토시다제 유전자를 도입한 배양 세포는 젖당 배지에서 계속 증식하는 것으로 확인되었다. 또, 형질 전환한 배양 세포에서 베타 갈락토시다제를 추출한 항원 항체 반응(면역 반응을 이용하여 특정 단백질을 인식하는 방법)으로 세균형이라고 보고 있다. 그들은 이 현상을 'Thansgenosis'라고 명명하였다.

도이의 실험은 식물 재료에 반수체를 이용한 것으로 대조 실험으로서 베타 갈락토시다제 유전자를 갖지 않는 운반 담당인 파지 DNA만을 도입한 실험을 하여, 당시의 지식으로서는 설득력이 있는 실험이었다. 이에 이어 영국의 크리스토퍼 존슨(Christopher Johnson) 등이 단풍나무 배양 세포에서 마찬가지 결과를 발표하였기 때문에 한때는 식물의 형질 전환이 처음으로 증명되었다고 화제가 되었다.

그러나, 그들의 실험에 대해서도 계속 비판이 일었다.

먼저, 도이는 식물이 베타 갈락토시다제를 만들지 않는다 전제하고 실험하였으나 실제로는 식물에도 독자의 베타 갈락토시다제가 있는 것으로 알려졌다.

또, 결정적인 점은 전문가들이 그들이 사용한 항원 항체 반응법으로는 식물과 세균의 베타 갈락토시다제를 전혀 구별할 수 없다고 주장한 점이다.

이들의 비판에 따라 결국 도이 자신도 자신들의 잘못을 인정하고 있다. 현재 그들이 얻은 실험 결과는 도입한 대장균의 유전자가 발현하였기 때문이 아니고, 배양 중 돌연변이가 된 것이든지 아니면 적응한 세포가 증식한 것으로 추론되고 있다.

세균이나 파지 등의 원핵생물(핵이 없는 하등한 생물)의 유전자는 유전자의 프로모터 구조의 차이 때문에 그대로는 식물이나 동물 세포에서 기능을 갖지 못한다. 이는 현재 일반적으로 인식되고 있는 점이다. 레듀 등이나 도이의 실험도, 현재의 입장에서 보면 식물 세포에서 직접 발현하는 일은 거의 없는 것이 확실하다. 당시로는 더 말할 나위 없는 일이다.

도이의 실험이 발표된 1970년대 전반에서 후반에 걸쳐 당시 일반화되어 가고 있던 프로토플라스트의 실험계를 사용하여 DNA 도입 실험을 한 그룹이 나타났다.

캐나다 서스캐처원에 있는 국립 시험연구소의 갬보그 연구실에 있던 오야마 등과 미국 캘리포니아대학의 무라시게 연구실에 있던 우치미야(內官 傳文) 등, 거기다 일본의 다케베 연구실 그룹이 각기 프로토플라스트계를 사용하여 DNA 도입 실험을 하고 있었다.

특히 다케베 연구실에서 개발된 폴리-L-오르니틴(Poly-L-Ornihtine)과 2가 금속이온(Zn^{2+} Fe^{2+})을 DNA와 공존시키는 방법은 도입 효율이 높아 폴리에틸렌글리콜(PEG)에 의한 DNA 도입법이 발견되기 전까지 많은 연구실에서 사용되었다. 예로서 로세(Rochaix) 등은 하등 조류의 일종인 크라미도모나스, Chramydomanas)에 효모의 아르기닌(arginine) 합성 유전자를 도입하여 발현시키는 데 성공하고 있다.

그러나, 이렇게 시작된 프로토플라스트에 대한 DNA 도입 실험도 고등식물에서는 아직 적당한 벡터가 없어서 식물 바이러스 유전자 외에는 형질 발현까지 가지 못하였다.

그래서 시대는 유전자 공학의 등장을 기다리며 식물의 형질 전환을 위해 벡터의 개발로 관심이 모아지고 있었다.

혐오받는 토양세균이 준 선물

장미화원이나 포도밭에 가면 줄기나 뿌리에 혹이 달린 것을 자주 볼 수 있다. 이 혹은 장미나 포도뿐 아니라 밭의 야채나 꽃 종류, 원예 식물이나 수목류에도 널리 보이며 농작물에 상당한 피해를 끼치고 있다.

이런 종양(腫瘍)은 오래전부터 유전적인 원인 외에 종양 바이러스와 세균에 의한 것이 알려져 있다.

그중에서도 특히 토양세균인 아그로박테리움 튜머패시엔스가 일으키는 전형적인 관상(冠狀)의 종양 즉, 크라운 골은 오래전부터 식물 병리학자께 주목받아 금세기 많은 사람이 연구했다.

그러나, 당시의 사람들은 농작물에 피해를 일으키는 성가신 토양세균이 식물의 유전자 조작을 막 올린 벡터가 되리라고는 꿈에도 생각하지 못하였을 것이다.

크라운 골이 토양세균의 일종인 아그로박테리움 튜머패시엔스에 의해 일어난다는 사실은 1907년 미국 농무성의 스미스와 타운센드가 처음 발견하였다.

1940년대에 들어 크라운 골의 생리적 연구를 하고 있던 아민 브라운(Armin Braun)은 크라운 골(Crown Gall)이 호르몬을 함유하지 않은 배지에 서도 증식한다는 중요한 사실을 발견하였다.

보통의 캘러스(식물체 일부를 잘라내어 배지상에서 형성시킨 세포 덩어리)는 옥신이나 시토키닌이라는 식물 호르몬을 가한 배지에서만 증식할 수 있다. 그러나 크라운 골은 이러한 호르몬이 필요하지 않으며, 심지어는 매우 왕성하게 증식 가능하다. 즉, 아그로박테리움의 감염으로 식물 세포의 형질에 호르몬이 필요하지 않게 되는 일질전환을 일으키고 있다.

브라운은 이 세균 중에 종양(Tumor)을 일으키는(Induce) 인자가 있다고 가정하여 TIP(Tumor Inducing Principle)로 명명하였다. 이 TIP가 세포 내에 들어가면 세포는 형질 전환을 일으키며 옥신이나 시토키닌을 함유하지 않는 배지에서도 증식할 수 있게 되는 것으로 생각하였다.

브라운은 이외에도 또 하나의 가정을 하고 있었다. 아그로박테리움 자신은 세포 중에 들어가는 일 없이 TIP만 세포에 들어간다고 하는 점이었다. 왜냐하면 아그로박테리움은 감염 식물 조직의 세포 간격에는 많이 보이나 세포 속에는 전혀 보이지 않기 때문이었다.

그러나 이와 같이 선구적 관찰을 한 브라운도 TIP에 의해 일어나는 크라운 골의 형질 전환을 세포 자신이 갖는 식물 호르몬 합성 유전자가 활성화된 결과로 생각하여 TIP 자신이 유전자인 것으로는 꿈에도 생각하지 못하였다.

1960년대에 들어 프랑스 베르사유에 있는 국립 농업 연구소의 모렐이 호르몬 결핍 배지에서의 증식 능력 외에, 또 하나의 크라운 골의 중요한 성질이 있는 것을 발견하였다. 바로, 크라운 골이 일반적으로 식물에 존재하지 않는 화합물을 만들어 낸다고 하는 점이다. 모렐은 이 신규 화합물을 오핀(Opine)이라고 명명하였다.

대표적인 오핀은 두 종류였다. 하나는 옥토핀(Octopine), 또 하나는 노파린(Nopaline)이라 한다. 그들이 관찰한 중요한 점은 크라운 골이 만드는 오핀은 식물 종류에 따라 다른 것이 아니고 종양을 만드는 아그로박테리움 튜머패시엔스의 종류에 따라 결정된다는 점이다.

또, 아그로박테리움은 종향화한 식물이 생산하는 옥토핀이나 노파린 중 어느 한쪽을 영양원으로 이용하나, 옥토핀, 노파린 양쪽을 이용할 수 있는 균주는 존재하지 않았다.

모렐은 이 두 결과로부터 아그로박테리움 튜머패시엔스는 옥토핀이나 노파린 어느 쪽인가를 합성하는 유전자와 그를 분해하며 영양원으로 하는 유전자를 가지며, 실제로는 합성을 지배하는 유전자를 식물 세

마치 탁란조(다른 새의 둥지에 알을 낳아, 다른 새가 알을 까고
키우도록 하는 새)와 같은 아그로박테리움

포에 가지고 들어가는 게 틀림없다고 생각하였다. 즉 브라운이 가상한 종양 유발인자 TIP는 DNA라고 가정한 것이다.

만약 이것이 옳다면 원핵생물인 아그로박테리움이 진핵생물(핵이 있는 고등생물)인 고등식물을 자신의 DNA로 형질 전환하고 있었다는 매우 진기한 현상이 된다. 세균이 식물 세포 속에서 증식하여 자신의 단백질을 합성하는 것은 병원균 등에서 자주 보이나 DNA만 들어가서 식물의 기관을 사용하여 단백질을 합성한다는 결과는 그때까지 알려지지 않았다. 모렐의 가설이 옳다면 병원성 DNA 도대체 어떤 DNA인가, 그에 대해서는 오스트리아의 애들레이드대학의 카(A. Kerr)가 실험한 흥미 있는 결과가 있다.

카는 아그로박테리움 병원성주와 비병원성주를 사용하여 양쪽 세균을 같은 식물에 접종하는 실험을 하고 있었다. 그 결과, 비병원성주의 세균이 언제나 병원성으로 변하고 마는 것이었다. 이는 병원성 유전자는 세균 사이를 이동할 수 있는 어떤 인자 위에 있다는 것을 여실히 나타내고 있다.

카는 이 결과에서 병원성 유전자는 세균의 염색체상에 있는 것이 아니고 이동하기 쉬운 박테리오파지가 플라스미드 위에 있다는 것을 알게 되었다. 박테리오파지나 플라스미드는 세균 내부에 들어가는 작은 DNA 분자로서 세균에서 세균으로 쉽게 이동할 수 있다.

아그로박테리움의 병원성 유전자가 '이동하는 DNA' 위에 있다는 증거는 펜실베이니아주립대학의 해밀톤과 폴(Hamilton&Fall)이 얻었다.

그들은 19개년 아그로박테리움 튜머패시엔스 중 하나인 C58주의 병원성이 온도 감수성(일정 온도 이상, 또는 이하에서 발현하는 성질)인 것을 발견하였다. C58주는 371 이상에서 배양하면 병원성을 잃고, 다시 온도를 내려도 역시 병원성으로 돌아가지는 않는다. 즉, 병원성 유전자를 실은 DNA 인자가 고온처리로 없어지고 만 것이다. 염색체 DNA에서 이런 일은 생각할 수 없다. 염색체 DNA가 없어지면 그 생물은 살 수 없기 때문이다. 이 결과는 병원성 유전자가 세균의 염색체 DNA가 아니고 핵외의 플라스미드 또는 파지의 DNA상에 있는 것으로 생각하지 않을 수 없게 된다.

여기까지 밝혀지게 되자 연구자들은 앞다투어 병원성 유전자가 업혀 있다고 생각되는 플라스미드나 박테리오파지를 찾아내려고 하였다.

그리고 1974년, 병원성 유전자의 정체가 밝혀졌다. 발견자는 독일 막스플랑크연구소의 제프 셸(Jeff Schell)과 켄트대학의 마크 반 몬타규의 그룹이었다.

그들은 비병원성주의 균에 없는 커다란 플라스미드가 병원성 균에 존재하고 있는 것을 밝혔다. 또, 해밀톤이 발견한 온도 감수성 C58주를 사용하여 병원성을 잃도록 고온처리 한 결과 거대한 플라스미드가 소실되는 결과도 발견하였다.

이 두 결과로부터, 플라스미드와 병원성의 상관관계가 매우 높은 것으로 확인되었다. 모렐이 가상한 DNA의 정체는 약 200킬로 베이스(1kb는 염기 천 개의 길이)에 이르는 거대한 플라스미드였다.

이 플라스미드는 종양을 유발하는 플라스미드라는 의미에서 Ti 플라스미드(Tumor Inducing Plasmid)라고 이름하였다.

식민지를 만드는 DNA

Ti 플라스미드가 발견되고 3년이 지난 1977년, 미국 워싱턴주립대학의 메리-델 칠턴(Mary-Dell Chilton)과 진 네스터(G. Nester) 등이 또 하나의 중요한 발견을 하였다.

Ti 플라스미드에 의해 형질 전환된 종양이 원래 식물에는 존재하지 않던 옥토핀이나 노파린을 새로 생산하는 현상은 Ti 플라스미드가 식물 세포 중에서 자신의 유전 정보를 발현하고 있는 것으로 생각된다. 그리고, 이 성질은 아그로박테리움이 존재하지 않게 되어도 없어지지 않는다. 이들로부터 추론하면 Ti 플라스미드, 또는 그 일부가 식물 세포 중에 안정하게 존재하고 있는 것이 틀림없다.

Ti 플라스미드의 적어도 일부가 숙주 DNA에 조합하여 들어가고 있다. 그렇게 확신한 칠턴은 형질 전환한 식물과 정상 식물의 DNA 차이를 조사하였다.

염색체 DNA에 외래의 DNA가 조합되어 들어가는 것을 확인하는 데는 현재 에든버러대학의 서턴이 개발한 서턴법이 일반적이다. 그러나 당시에는 개발된 지 얼마 지나지 않은 때로, 일반적으로 사용되고 있지 않았다. 그래서 칠턴이 사용한 방법은 Cot 분석이라는 손이 많이 가는 방법이었다.

Cot 분석은 용액에 있는 한 가닥의 DNA 재조합(상보성이 있는 두 가닥 중 한 가닥의 DNA가 서로 짝을 이루어 두 가닥의 DNA로 되는 것) 속도를 정량적으로 측정하는 방법이다. DNA 섭씨 100도로 가열하면 변성되어 두 가닥이 풀어져 한 가닥이 된다. 풀어진 한 가닥의 DNA 온도를 68℃로 내리면 다시 서로 상보쇄를 찾아 두 가닥이 된다.

즉, DNA의 두 가닥 쇄에는 상보성이 있기 때문에 재회합된다. 그러나 외부에서 다른 DNA를 가하면 재회합 속도가 변한다.

만약 종양 세포 DNA 중에 Ti 플라스미드의 카피가 조합되어 있을 때, Ti 플라스미드를 외부에서 대량 가하면 두 가지의 재회합 속도가 빨라진다. 이는 상보성이 있는 것끼리 서로 만나는 확률이 커지기 때문이다. 이 현상을 이용하여 밖에서 플라스미드를 가한 것과 가하지 않은 것의 재회합 속도의 차이를 조사하면 숙주 DNA 중에 Ti 플라스미드의 카피가 있는가를 확인할 수 있다.

칠턴은 먼저 Ti 플라스미드 전체를 밖에서 가해 실험하였으나 재회합 속도는 전혀 변하지 않았다. 이는 Ti 플라스미드의 카피가 염색체 중에 존재하지 않든지 Ti 플라스미드 전체로서는 숙주 DNA에 조합하여 들어가지 않는 것을 의미하고 있다.

그렇다면 Ti 플라스미드의 일부가 조합되어 들어가 있을 가능성은 어떨까. 칠턴은 Ti 플라스미드를 제한 효소로 절단, 수십 개의 단편으

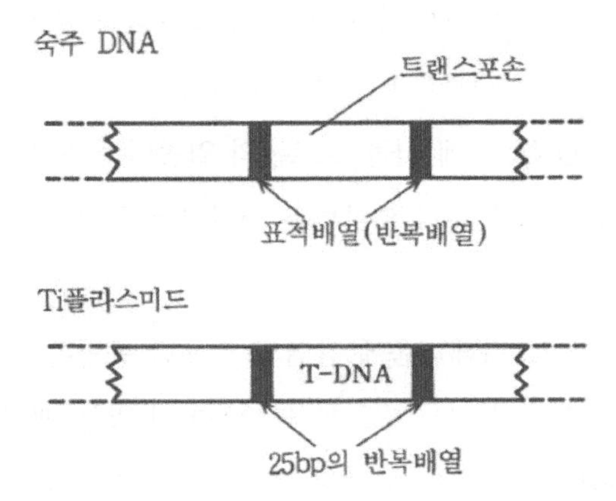

그림 5-2 | T-DNA 말단의 특징적인 반복 배열. 같은 구조는 트랜스포손(Transposon, DNA 위를 자유로이 움직이는 유전자)에도 있고, 트랜스포손은 이에 의하여 숙주 DNA에 들어간다.

로 하여 단편마다 같은 실험을 하였다.

그 결과, 앞의 실험과는 다른 결과가 나타났다. 일부 단편을 종양 DNA와 공존시키면 재조합 속도가 빨라지는 것이 있었다. 그리고 그 단편 외의 다른 Ti 플라스미드 단편은 재회합 속도에 전혀 영향을 주지 않았다. 이 결과는 Ti 플라스미드 중 특정 영역의 DNA만 숙주 DNA에 조합되어 들어가고 있는 것을 밝히고 있다.

이 발견은 형질 전환한 식물 세포는 세균 DNA의 일부를 자신의 DNA에 조합하여 그 형질을 안정적으로 발현시킨다고 하는 가설에 명확한 근거를 제시하는 것이었다. 그들은 Ti 플라스미드의 이 특별한 영역을 'T-DNA(T는 transfer의 머리글자)'라 하였다.

식물 DNA에 조합하여 들어가는 T-DNA의 존재가 확인되자 T-DNA가 갖는 유전 정보가 바로 해석되었다.

그 결과, T-DNA 중에 식물 호르몬의 일종인 옥신과 시토키닌, 거기다 옥토핀과 노파린 등의 오핀류를 생산하는 유전자가 존재하고 있는 것으로 밝혀졌다.

그러므로, 아그로박테리움에 감염되어 생긴 종양은 옥신과 시토키닌을 생산하기 때문에 식물 호르몬을 함유하지 않는 배지에서도 증식할 수 있는 것이다. 나아가, 이 유전자의 프로모터는 전형적인 진핵생물이다. 그래서 이들 유전자는 진핵생물인 동물 세포 중에서 발현되는 것이다.

그리고, T-DNA가 들어간 세포에서는 호르몬 합성 유전자가 만들어 내는 과잉의 호르몬에 의해 세포가 종양화된다. 또, 종양화된 세포는 옥토핀이나 노파린을 적극적으로 생산한다. 식물이 생산하는 이들 오핀류는 식물 자신은 이용할 수 없으므로 다 아그로박테리움의 영양원이 된다.

즉, 아그로박테리움은 마치 인간이 미생물을 생체 공장으로 하여 의약품을 생산하고 있는 것처럼, 숙주 식물을 자신의 영양물로 만들어 내는 공장으로 이용하고 있는 것이다. 인간이 유전자 공학을 시작하기 전에 이미 자연은 아그로박테리움 세계에서 같은 일을 하고 있던 것이다. 그래서, 이 현상을 아그로박테리움에 의한 '유전적 식민지화' 또는 Ti 플라스미드를 '공생 플라스미드'라 하는 사람도 있다.

Ti 플라스미드 중 T-DNA의 양 말단은 매우 특징적인 구조를 가지는 점도 밝혀졌다. T-DNA의 양 말단, 즉 조합되어 들어갈 때 식물의 DNA에 인접하는 부위는 25개의 뉴클레오티드로 되어 있는 반복 염기 배열을 갖고 있다(그림 5-2). 이 반복 염기 배열이 T-DNA가 조합되어 들어가는 데 중요한 역할을 하는 것이다.

나아가, T-DNA가 숙주 DNA로 조합되어 들어가는 데 중요한 역할을 하는 부위가 또 한 군데 발견되었는데, 바로 vir 부위라 부르는 곳이다.

빠지면 안 되는 '조력자'

vir 부위는 T-DNA와 달리 숙주 식물의 DNA에는 들어가지 않는다. 그러나, 그 부위가 불활성화되면 세균은 병원성을 잃고 만다. 그래서 이를 병원성(virulence)에 필요한 부위라는 의미에서 vir 부위라 이름하였다.

vir 부위는 최초의 연구 결과 식물 세포에 접하면 해당 식물로부터의 자극으로 유전자가 활성화되어 T-DNA를 잘라 내어 식물 세포로 안내하는 것으로 밝혀졌다. 또, '밖으로부터의 자극'은 실제로는 식물이 분비하는 아세토시링곤(Acetosyringone)이라는 저분자 물질인 것도 밝혀졌다.

여기서 중요한 점은 T-DNA와 vir 부위는 반드시 동일 플라스미드

식물의 분비물이 유전자를 활성화시킨다

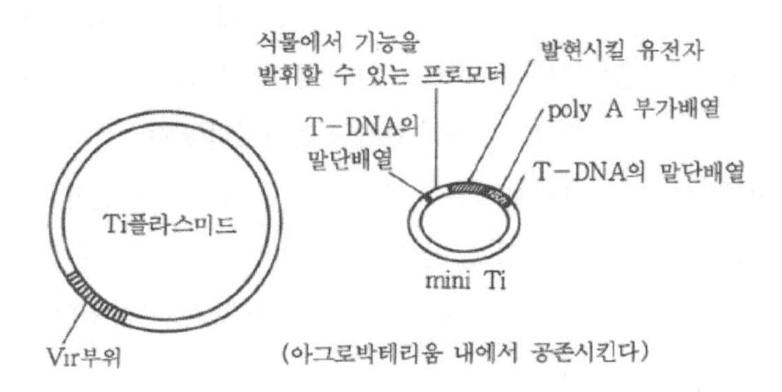

그림 5-3 | 바이너리 방식. 미니(mini) Ti 플라스미드에 조합하여 들어간 T-DNA를 Ti 플라스미드 부위의 작용으로 식물 세포 내로 들어가게 한다.

상이 아니여도 된다는 점이다. 즉, T-DNA와 vir 부위가 서로 다른 플라스미드 위에 존재해도 vir 부위에 의해 T-DNA를 잘라 내는 일은 이행된다. 이렇게 별도의 플라스미드 위에서도 기능하는 것을 트랜스의 위치에서 작용한다고 한다.

실제로 옥토핀형 Ti 플라스미드의 vir 기능에 의해 다른 플라스미드 위에 있는 옥토핀형, 즉 노파린형의 T-DNA를 잘라 낼 수 있다.

이는 사실, Ti 플라스미드를 벡터로 할 때의 중요한 특징이다. 즉, Ti 플라스미드는 거대하기 때문에 직접 시험관 내에서 조작하기 어렵다. 그래서 T-DNA와 vir 부위를 둘로 나누어 버리면 매우 조작하기 쉬워진다.

실제로 식물 쪽에 들어가 조합되는 것은 T-DNA뿐이므로 T-DNA

만을 알고 있는 작은 플라스미드에 실으면 조작하기 매우 쉬워진다. 그 뒤, T-DNA가 들어 있는 소형 플라스미드를 vir 부위에 넣은 다른 플라스미드를 아그로박테리움 내에서 함께 공존시키면 된다.

이 방식은 1983년에 네덜란드 레이덴(Leiden)대학의 롭 쉴퍼루트(Rob A. Schilperoort)가 개발하였고, 이를 바이너리(Binary) 방식이라 한다(그림 5-3). 두 개의 플라스미드로서 구성되는 데서 그런 이름이 붙었다.

도움되는 토양세균

1982년, 처음으로 Ti 플라스미드를 벡터로 이용한 사람은 미국 몬산토사의 프래리(Fraley) 그룹과 벨기에의 몬타규 그룹이었다. 그때는 아직 바이너리 방식이 발표되지 않았기 때문에 중간벡터를 경유한 방식을 사용하고 있었다(그림 5-4).

중간벡터란 발현시키고 싶은 유전자를 실은 T-DNA를 기지의 벡터에 조합하여 넣은 것을 말한다.

중간벡터를 아그로박테리움에 도입하면 선구자인 야생형 Ti 플라스미드와 도입된 중간벡터 사이에서 자연히 상동성 조환이 일어난다. 상동성 조환이란 중간벡터의 T-DNA의 양 말단을 포함한 염기 배열이 야생형 염기 배열과 같으므로, 이를 인식하여 두 가지가 서로 바뀌어 들어가는 것을 말한다.

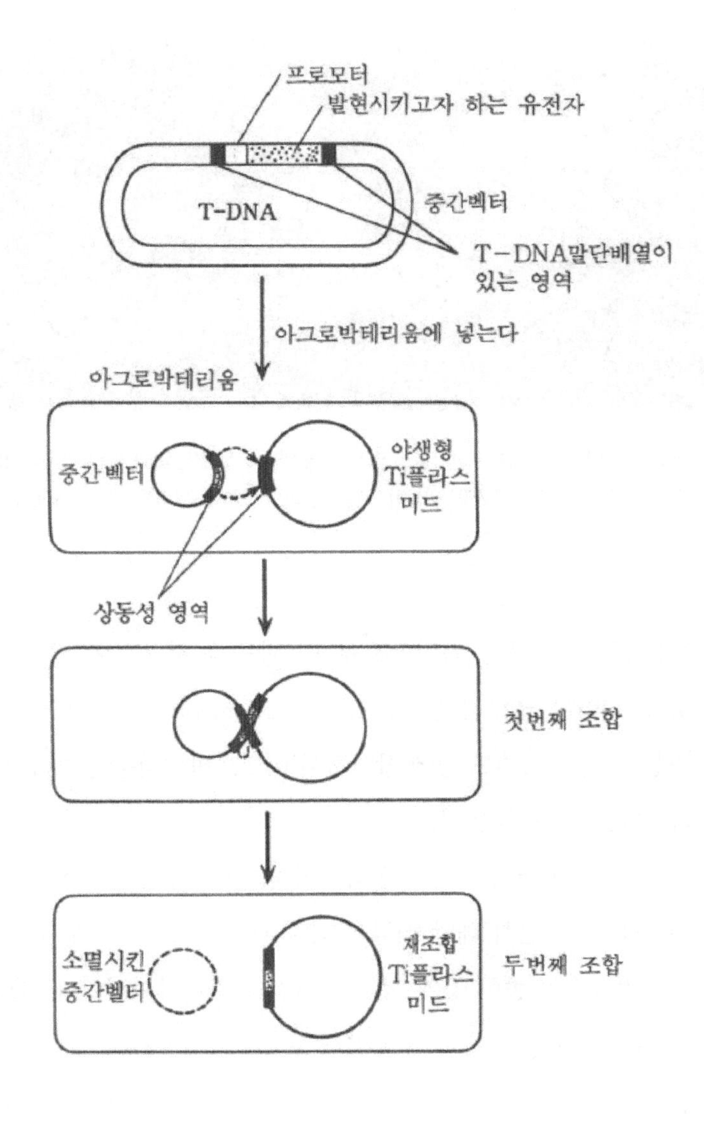

그림 5-4 | 중간벡터를 사용하여 아그로박테리움에 발현시키고 싶은 유전자를 조합하여 넣는다.

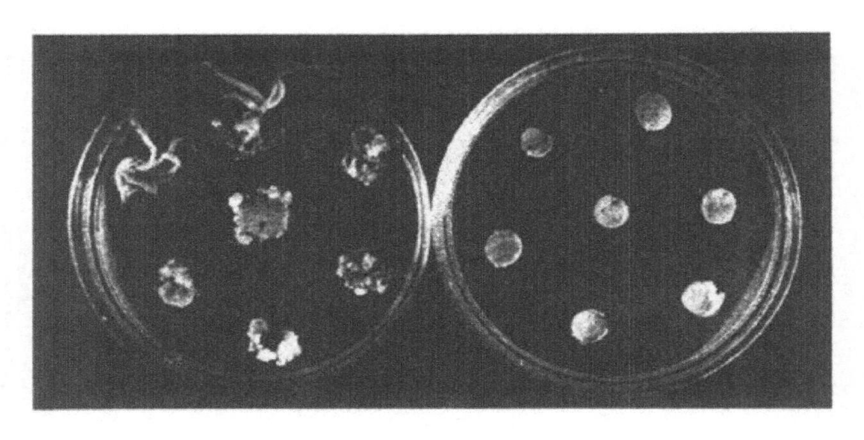

그림 5-5 | 카나마이신 내성 유전자를 도입시킨 담뱃잎의 절편(왼쪽)과 도입시키지 않은 절편(오른쪽). 도입시킨 것에서는 약제에 내성이 있는 경엽이 분화하고 있다(홀슈 등의 「Science」에서).

프래리와 몬타규는 독립적으로 이 방법을 사용하여 카나마이신(Kanamycin)이나 클로람페니콜(Chloramphenicol)이라는 약제 내성의 유전자를 Ti 플라스미드 중에 삽입하여 아그로박테리움을 매개로 식물에 접종하는 실험을 하였다.

만약, 이 약제 내성 유전자가 숙주식물의 핵 DNA에 조합되어 들어가서 발현되면 당연히 해당 식물은 약제 내성이 된다. 그래서 그는 아그로박테리움을 접종한 곳에 생긴 캘러스를 카나마이신이나 클로람페니콜이 들어 있는 배지에 얹어 배양해 보았다(그림 5-5).

어떤 결과가 나왔을까, 결과는 약제 때문에 증식이 멈추어 버린 것도 있었으나 그중에는 원기 있게 자라는 캘러스도 있었다. 그러나 약제 내성이 되었다 해도 바로 형질 전환되었다고 단정할수는 없다.

자연 변이를 일으켜서 내성이 되기도 하고 배지에 적응한 것이 있을지도 모를 일이다. 이는 형질 전환 실험에 항상 따라다니는 문제이다. 그러므로 더 확실한 증거가 되는 것을 찾아내지 않으면 안 된다.

이에 따라 증거를 확인하기 위해 그들은 두 가지 실험을 하였다. 하나는 서턴법으로 카나마이신이나 클로람페니콜의 유전자 자체가 식물 DNA에 조합되어 들어갔다는 것을 조사하고, 또 하나는 발현되고 있다고 생각되는 이들 약제 내성의 효소가 정말로 미생물형(즉 미생물에 의해 도입된 유전자가 발현한 것)인가 효소학적으로 조사하는 것이었다.

약제 내성이 된 많은 캘러스를 조사해 보니 그중에서는 실제 이 기준에 맞는 확실한 것들이 있었다. 즉, Ti 플라스미드가 운반해 들어간 유전자는 식물 DNA에 조합되어 들어가 그 정보가 발현되고 있었다. 약제 내성이 된 캘러스의 일부는 틀림없이 형질 전환된 것을 나타내고 있다.

그들은 형질 전환된 캘러스를 다른 배지에 옮겨 식물체를 재생시켜 보았다. 그 결과, 처음으로 형질 전환된 하나의 식물체가 세상에 출현하게 되었다. 현재는 형질 전환된 식물을 통틀어서 트랜스제닉(transgenic) 식물이라 한다. 트랜스제닉이란 '유전자를 옮기다'라는 의미이다.

트랜스제닉 식물은 순조로이 씨를 맺어, 씨에도 약제 내성이 전해지는 것으로 나타났다. 전해지는 방법은 멘델의 법칙에 따라 약제 내성과 약제 감수성 종자의 분리비로부터 식물에 몇 카피의 약제 내성 유전자

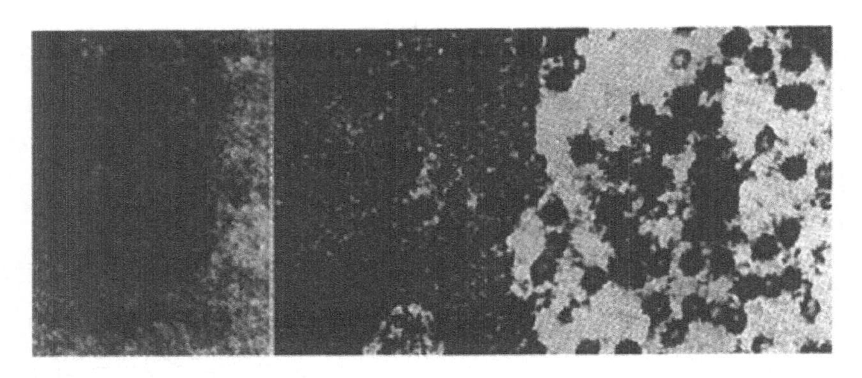

그림 5-6 | CaMV 바이러스(왼쪽)와 콜리플라워 세포에서 증식하고 있는 사진(오른쪽)(朝倉書店版, 「식물 Virus사전」에서).

가 들어갔는가 밝혔다.

실험 결과, 많은 경우 한 카피 또는 수 카피로서 식물 DNA의 일부로서 안정하게 존재하고 있는 것으로 나타났다.

이런 과정을 통해 Ti 플라스미드에 의해 형질 전환되는 결과가 확실히 증명되어 자손에까지 전해지는 안정한 트랜스제닉 식물이 얻어졌다.

그 이후, 수많은 연구실에서 여러 외래 유전자를 Ti 플라스미드에 조합하여 넣어 아그로박테리움으로 식물에 보내 넣어 형질 전환하는 시도가 이루어졌다.

벡터와 프로모터도 서로 경쟁적으로 개량하여, 벡터는 중간벡터식에서 바이너리 방식으로 옮겨져 갔다. 또, 약제 내성 유전자 외에 많은 유전자, 예로서 저장단백질(식물의 저장 조직에 있는 단백질)의 유전자나 엽록체의 효소 유전자가 도입되었다.

저장단백질의 유전자는 미국 위스콘신대학의 무라이가 강낭콩의 파제올린(phaseolin) 유전자를 담배에 도입한 외에 워싱턴대학의 비치 등이 콩단백질의 일종(콩글리시닌)을 도입하였다. 그 후 지금까지 많은 저장단백질을 발현시키고 있다.

한편, 엽록체의 유전자도, 미국 록펠러대학의 츄어(Nam-Hai Chua) 그룹과 캐시모어(A. R. Cashmore) 그룹이 광합성에 관여하는 중요한 효소, 루비스코(rubisco)나 클로로필(chlorophyll) a/b 결합 단백질의 유전자를 담배에 도입하였다.

바이러스를 아군으로 할 수 없을까?

벡터로서 가장 먼저 개발된 것은 Ti 플라스미드였으나 식물 세포에 침입하여 자기의 유전 정보를 발현할 수 있는 생물로 바이러스가 있다.

식물 바이러스는 오랫동안 RNA 바이러스(담배 모자이크 바이러스와 같이 RNA를 포함한 것)밖에 발견되지 않았으나 1968년 미국 캘리포니아대학 셰퍼드 등이 콜리플라워(cauliflower, 꽃양배추) 모자이크 바이러스(CaMV)를 발견, 두 가닥 DNA를 가진 바이러스인 것을 처음으로 밝혔다(그림 5-6).

CaMV의 DNA 구조는 환상의 두 가닥 DNA로 7개의 유전자로 되

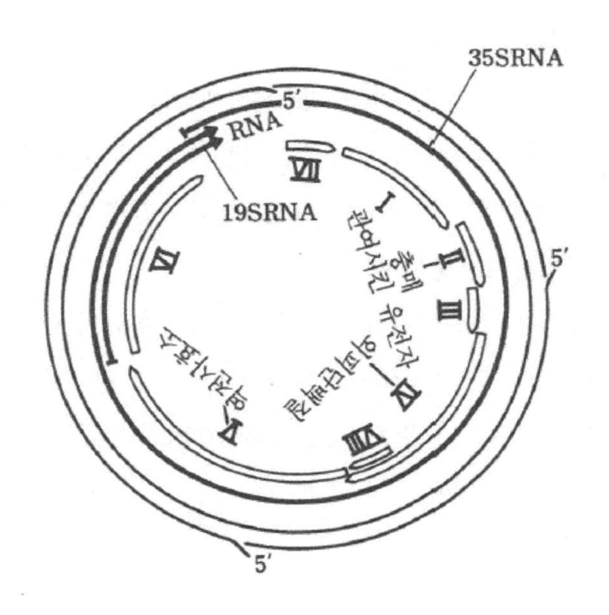

그림 5-7 | 콜리플라워 모자이크 바이러스; CaMV)의 구조(Hohn 등의 「gene」에서 변형시킴).

어 있다(그림 5-7). DNA의 복제 양식은 먼저 상보성 RNA를 만들고, 만들어진 RNA를 주형으로 DNA를 대량으로 복제하는 형이 된다.

그리고, DNA에서 전사되는 RNA 35S의 긴 RNA와 19S의 작은 RNA이다(S는 원심 침강계수로, 클수록 분자량이 크다). 이 중 35S RNA를 전사하는 프로모터는 매우 작용이 강하며, 다른 벡터로 다른 종류의 DNA를 식물에 도입하는 경우에 자주 사용된다.

이 CaMV에 외래 유전자를 도입하여 식물에 감염시키는 실험을 하였다.

바이러스가 생산하는 단백질 중 충매성(蟲媒性, 예로서 CaMV는 진디가 매개한다) 전반에 필요한 단백질은 바이러스의 복제나 증식에 반드시 필요하지는 않다.

그래서, 1984년, 스위스의 프리드리히 미셔연구소의 혼(T. Hohn) 등은 해당 부분의 DNA를 잘라 내고, 대신 선택 마커로서 메토트랙세이트(methotrexate) 내성 유전자를 삽입하는 실험을 하였다. 선택 마커란 형질 전환한 세포를 확인하는 표시가 되는 것이다. 이 경우, 메토트렉세이트가 발현되면 그 세포만 메토트렉세이트 내성이 된다. 즉, 표시되는 선택 마커가 되는 것이다.

실험 결과는 예측대로였다.

메토트렉세이트 내성 유전자를 조합하여 넣은 CaMV의 DNA를 담뱃잎에 낸 상처에 발라서 스며들게 한 결과, 메토트렉세이트 내성이 된 세포가 얻어졌다.

이 실험으로 바이러스도 역시 벡터로 사용할 수 있는 것으로 증명되었다.

그러나 DNA 바이러스는 어느 정도 크기의 DNA밖에 삽입시킬 수 없는 커다란 단점이 있다. 즉 삽입하는 DNA가 너무 커지면 외피 단백질의 자기 집합에 의한 바이러스 형성이 불가능해지기 때문이다.

이런 단점 때문에 혼의 실험 이후 CaMV 바이러스를 벡터로 한 실험은 하나도 없다.

RNA는 다루기 어렵다

DNA 바이러스 다음으로 식물 바이러스 대부분을 차지하는 RNA 바이러스에 대해서도 벡터화가 고려되었다. 그러나 그리 간단하지 않은 사정이 있었다.

DNA의 경우에는 유전자 공학이 개발된 결과, DNA를 자유로 이 연결할 수 있게 되었다.

그러나 RNA의 경우는 그렇지 않다. RNA는 분해되기 쉽고 DNA같이 특이적으로 절단하는 제한 효소도 존재하지 않는다. 그래서 RNA를 직접 인위적으로 조작하는 일은 매우 어렵다.

그래서 RNA 유전자를 다루고 있는 연구자는 두 단계로 RNA를 바꾸는 교묘한 방법을 생각해 내었다(그림 5-8).

이 방법은 RNA를 역전사효소(DNA로부터 mRNA로의 정보 이동을 전사라 하며, mRNA에서 DNA로의 이동을 역전사라 한다)를 사용하여 일단 cDNA로 변화시켜 버리는 것이 특색이다.

그렇게 하면 보통의 유전자 조작 대상이 되어 만든 상보적인 DNA에 인위적인 변이를 일으키거나, 벡터로 도입하거나 할 수 있다. 다음, 원래의 RNA(바이러스 RNA나 mRNA 등)로 돌리게 된다.

이 방법의 개발로 비로소 RNA 바이러스가 벡터가 될 가능성을 보여줬다.

RNA 바이러스를 처음 벡터로 개발한 사람은 미국 위스콘신대학의

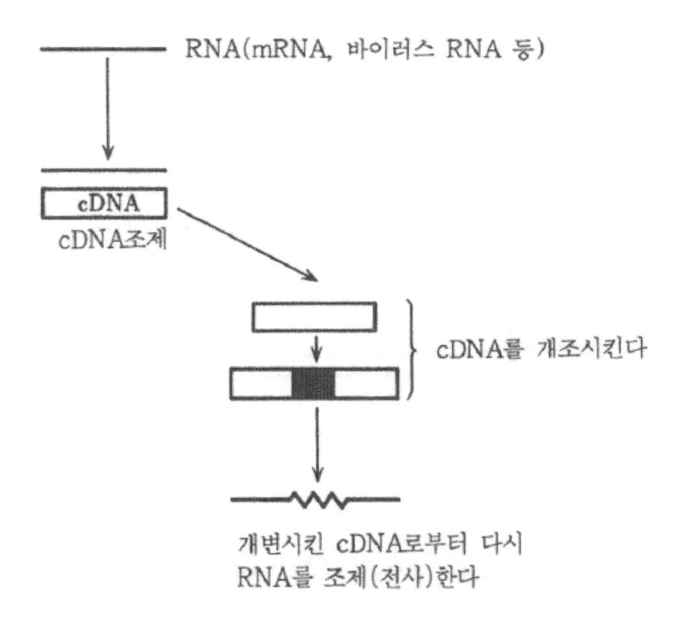

그림 5-8 | RNA를 개변시키는 방법

폴 알키스트(Paul Ahlquist)이다.

1986년, 그들은 RNA 바이러스의 하나인 브로모 모자이크바이러스(Bromo Mosaic Virus, BMV)의 RNA에 이 방법으로 클로람페니콜 유전자를 도입하였다.

BMV는 일본에는 존재하지 않으나 미국 등에서 벼과(화본과) 단자엽 식물을 중심으로 감염하는 다입자성의 구형 바이러스이다. 알키스트 등은 외피단백질 유전자가 실려 있는 RNA의 상보 DNA(cDNA)를 만들

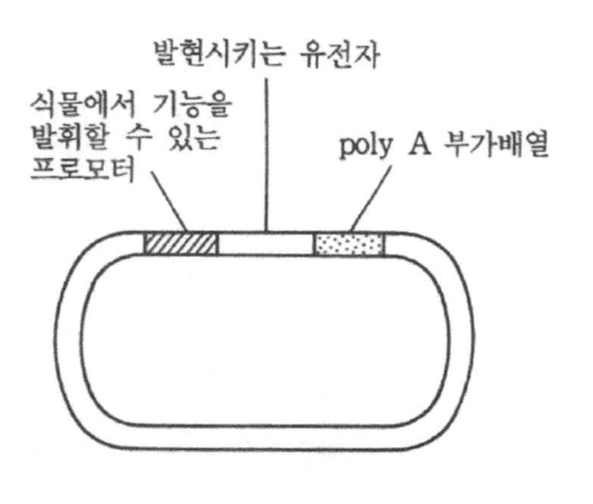

그림 5-9 | 발현 벡터

고 외피단백질에 해당되는 부분을 시험관 내에서 제거하고 거기에 클로람페니콜 유전자를 삽입하였다.

이 '재조합 cDNA'를 시험관 내에서 전사하여 다시 RNA로 만들게 되나, 당시 그들은 바이러스의 RNA가 프로모터의 5' 쪽에서 염기 하나 흐트러짐 없이 전사될 수 있도록 궁리하였다. 즉, 바이러스의 RNA 5' 쪽에 여분의 염기가 붙거나 결손되거나 하면 그로서 복제 능력이 없어지기 때문이었다.

시험관 내에서 전사된 '재조합 RNA'를 다른 정상적인 RNA와 함께 감염시킨 결과, 감염되어 클로람페니콜이 발현되었다.

RNA에 직접 다른 RNA를 삽입하는 것은 어려운 기술이나 이 같은 방법을 사용하면 RNA 바이러스를 벡터로 할 수 있다.

도쿄대학의 오카다(岡田 吉美) 등도 역시 알키스트의 실험과 마찬가지로 TMV의 외피 단백질에 해당되는 부분을 잘라 내고 거기에 클로람페니콜의 유전자를 삽입하여 키메라 RNA(chimera RNA)를 만들어 담배에서 발현시키고 있다.

RNA를 바꾸는 방법은 RNA 바이러스의 벡터화 외에도 바이러스 RNA의 구조나 기능의 해명에 매우 도움이 되는 것 같다.

곡물에 유전자를 도입하는 데는

고등생물의 유전자 구조가 해석되어 유전 정보의 발현 양식이 이어서 밝혀지자, 고등식물의 벡터로서 최소한 무엇이 필요한지 알게 되었다.

정보발현에 필요한 단위는 고등식물에서 기능하는 프로모터와 정지 코돈의 뒤에 계속되는 폴리 A 부가배열이다. 그것만 있으면 세포 내에 들어간 뒤 운 좋게 숙주의 DNA에 조합하여 들어가 발현될 가능성도 있다. 만약 이 생각이 옳다면 목적 유전자에 프로모터와 폴리 A 부가배열의 단위를 붙여서 대장균의 플라스미드에 삽입한 것(그림 5-9)은 식물 세포 내에서 발현할 가능성이 커진다. 만약 실현되면 매우 소형으로, 조작하기 쉬운 벡터가 될 것이다.

이런 벡터를 식물 내에 도입하는 데는 프로토플라스트가 가장 적합한 재료이다. 프로토플라스트에 DNA를 조합해 넣는 실험은 오래전부

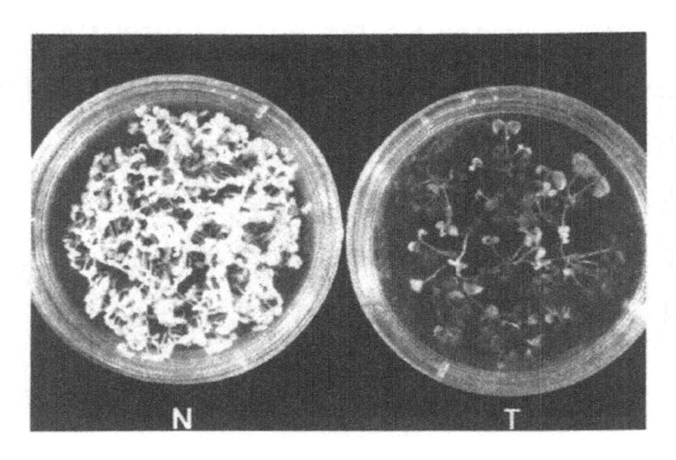

그림 5-10 | 형질 전환한 담배 종자(T)와 보통 담배 종자(N). N은 카나마이신의 영향으로 흰색을 띠나, T는 정상적인 녹색의 발아를 하고 있다.

터 이루어져 왔으며 PEG법을 비롯하여 이미 몇 가지 방법이 확립되어 있었다.

1984년, 스위스의 프리드리히 미셔연구소의 포트리커스 연구실에 있던 파즈고프스키(J. Paszkowski)가 앞에서 말한 것과 같은 벡터를 실제 만들어 식물에 도입시키려 하였다.

벡터는 식물에서 강한 기능을 갖는 CaMV의 프로모터에 선택 마커로서 카나마이신 내성의 유전자를 붙여 노파린 합성 효소 유전자의 폴리 A 부가배열을 붙인 간단한 것이었다.

그들은 이를 PEG법으로 담배의 프로토플라스트에 집어넣고 카나마이신이 들은 배지에서 생육시켰다. 만약 카나마이신 내성의 유전자가 숙주 DNA에 들어가 발현되면 그 세포는 카나마이신 내성이 된다.

실험 결과, 수주간 배양 후 카나마이신이 들어 있는 배지 위에 카나마이신 내성의 콜로니가 출현하였다.

콜로니를 다시 생육, 식물체로까지 재생시켜 서턴 해석한 결과 담배의 핵 DNA 중에 이 벡터가 들어가 안정하게 존재하는 것으로 밝혀졌다.

카나마이신 내성은 벡터에 조합되어 들어간 대장균에서 유래한 효소에 의한 것도 효소 화학적으로 증명되었다. 또, 형질 전환 한 식물에서 자가수분한 종자를 취해 다음 세대의 카나마이신 내성을 본 결과 카나마이신 내성의 유전자는 종자를 통해서 다음 세대에 전해지는 것도 확인되었다(그림 5-10).

이들 실험 결과는 모두 형질 전환이 틀림없이 일어나고 있는 것을 나타내며 식물에서 발현하는 프로모터를 사용하면 매우 단순한 구조의 벡터도 충분히 기능을 발휘하는 사실이 밝혀졌다.

그 유용성은 소형으로 조작하기 쉬운 것뿐만은 아니다. 또 하나의 특징은 일반적으로 아그로박테리움이 감염되지 않는 단자엽식물에서도 프로토플라스트만 있으면 형질 전환을 일으킬 수 있는 점이다.

실제, 담배의 성공이 보고되자 바로 벼나 옥수수 등 인간에게 중요한 단자엽식물의 프로토플라스트에 발현 벡터를 도입하려고 시도하는 사람이 생겼다.

그 결과, 1988년에 벼, 이어서 옥수수에서의 트랜스제닉 작물을 만든 결과가 보고되었다. 벼는 도호쿠(東北)대학 식물 공학 연구소 농수성

피스톨로 식물에 DNA를 쏘아 넣는다!

생물자원 연구소 등 일본의 그룹 외에 미국 코넬대학에서 거의 동시에 이루어졌다.

미국의 주요 수출작물인 옥수수의 트랜스제닉 식물도 근년 미국 샌도즈사에서 만들었다.

피스톨로 쏘아 넣는다

이같이 발현 벡터는 볏과를 비롯한 단자엽식물의 형질 전환을 중심으로 유력한 벡터로 되어 왔다.

당초는 형질 전환율도 Ti 플라스미드에 비해 100분의 일 정도로 낮았으나 최근에는 프로토플라스트에 대한 도입법이 개선되어 상당히 높아졌다.

현재 많이 사용되고 있는 도입법으로 PEG법과 전기천공법(電氣芽孔法, electroporation)이 있다.

PEG(polyethleneglycol)는 앞에서 말한 바와 같이 프로토플라스트의 융합체로서 발견된 것이나 DNA난 단백질 등의 고분자의 도입에도 유효한 것으로 알려져 지금은 동물 세포 등에도 사용되고 있다.

한편, 전기천공법은 전기 펄스의 힘으로 물리적으로 프로토플라스트 막에 구멍을 내어 용액 중에 넣어 둔 외래 DNA를 가하는 방법이다. 이 방법은 독일의 치머만(U. Zimmermann)이 동물 세포를 대상으로 개발하였다. 처음에는 손으로 만든 기기가 사용되었으나 현재는 유사 기종을 여러 회사가 시판하고 있고 식물 프로토플라스트에도 널리 사용하게 되었다.

이 외에 작은 유리 침을 사용하여 현미경 아래서 프로토플라스트에 DNA를 도입하는 마이크로 인젝션(micro injection)법도 있으나 숙련된 기술이 필요하므로 부정배 등 특수한 세포에 한해 이루어지고 있다.

이같이 PEG법, 전기천공법 등 DNA를 집어넣는 방법은 여러 가지 방법이 나와 있으나 가장 정평있는 것은 파티클 건(particle gun)법이다.

피스톨로 식물에 DNA를 쏘아 넣어 형질 전환한다. 이같이 서부영화 같은 얘기가 실제로 등장하였다.

프로토플라스트를 만드는 데는 손이 많이 간다. 그렇다면 DNA를 잔뜩 발라 놓은 탄환으로 세포벽을 쏘면 총알이 DNA를 실은 채 세포 속으로 들어가지 않겠는가.

미국 농무성의 클라인(T. M. Klein)은 그렇게 생각하였다. 역시 미국다운 대담한 발상이다. 영화에 나오는 정도의 탄환은 너무 크기 때문에 직경 1, 2 미크론 정도의 작은 텅스텐이나 쇠 입자를 사용한다. 이 탄환에 DNA 용액을 묻혀 세포에 쏘아 넣는다.

이 방법을 사용하면 식물의 아무 세포에나 DNA를 도입할 수 있다. 이 방법의 장점은 프로토플라스트의 재생계가 얻어지지 않는 식물에도 적용할 수 있는 점이다. 특히, 분열 능력이 크고 직접 다음 세대에 연결되는 배세포에 잘 사용된다.

영국에서는 이를 사용하는 연구자는 실제 총기면허가 필요하다 한다. 일본의 경우, 특수한 경우를 제외하고는 총기 사용은 금지되어 있으나 이를 총이라 할 수 있을까? 웃음거리 같으나 그러다가 식물의 형질 전환 연구자의 조건으로 총기면허를 먼저 필수적으로 취득해야 할지도 모른다.

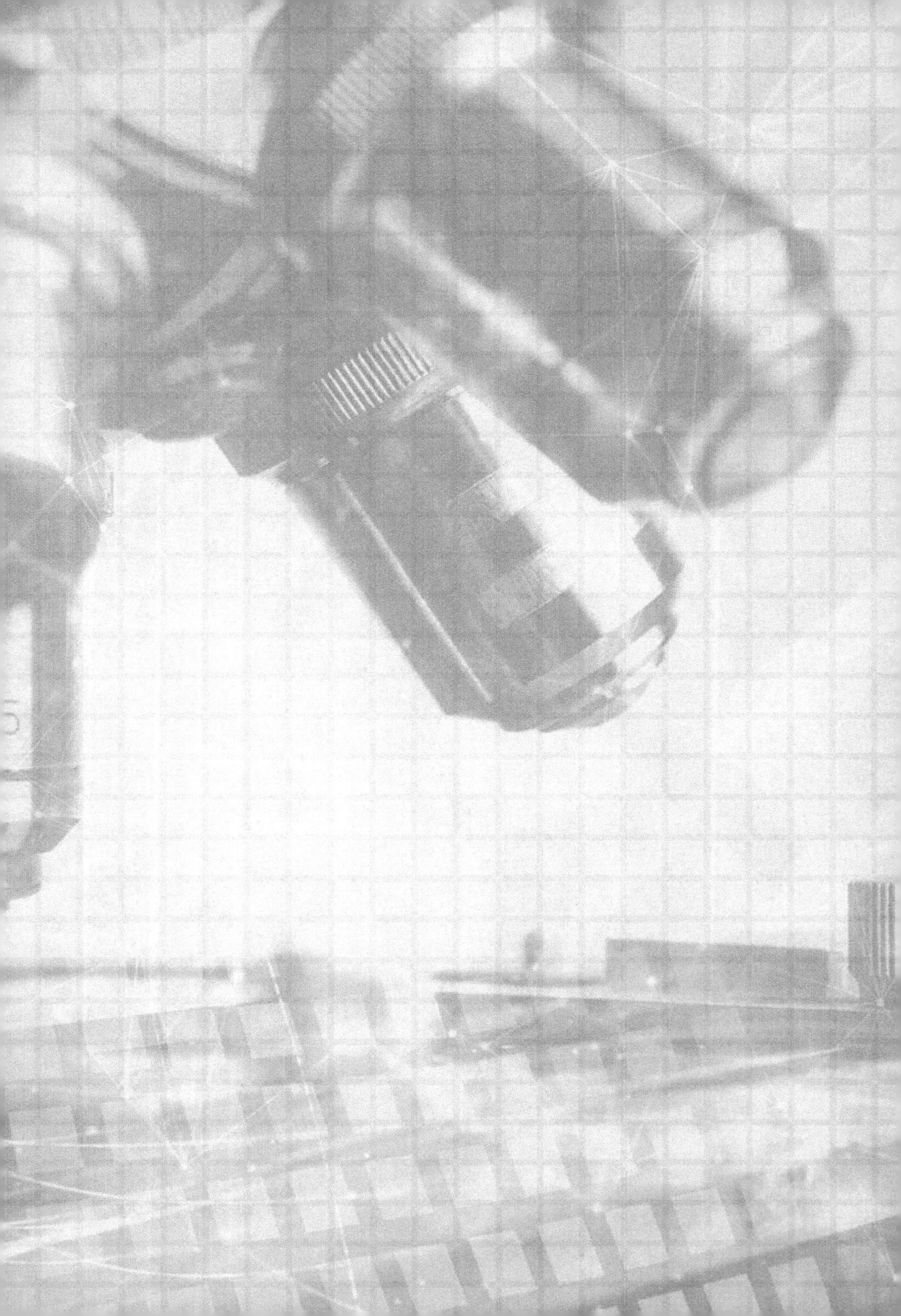

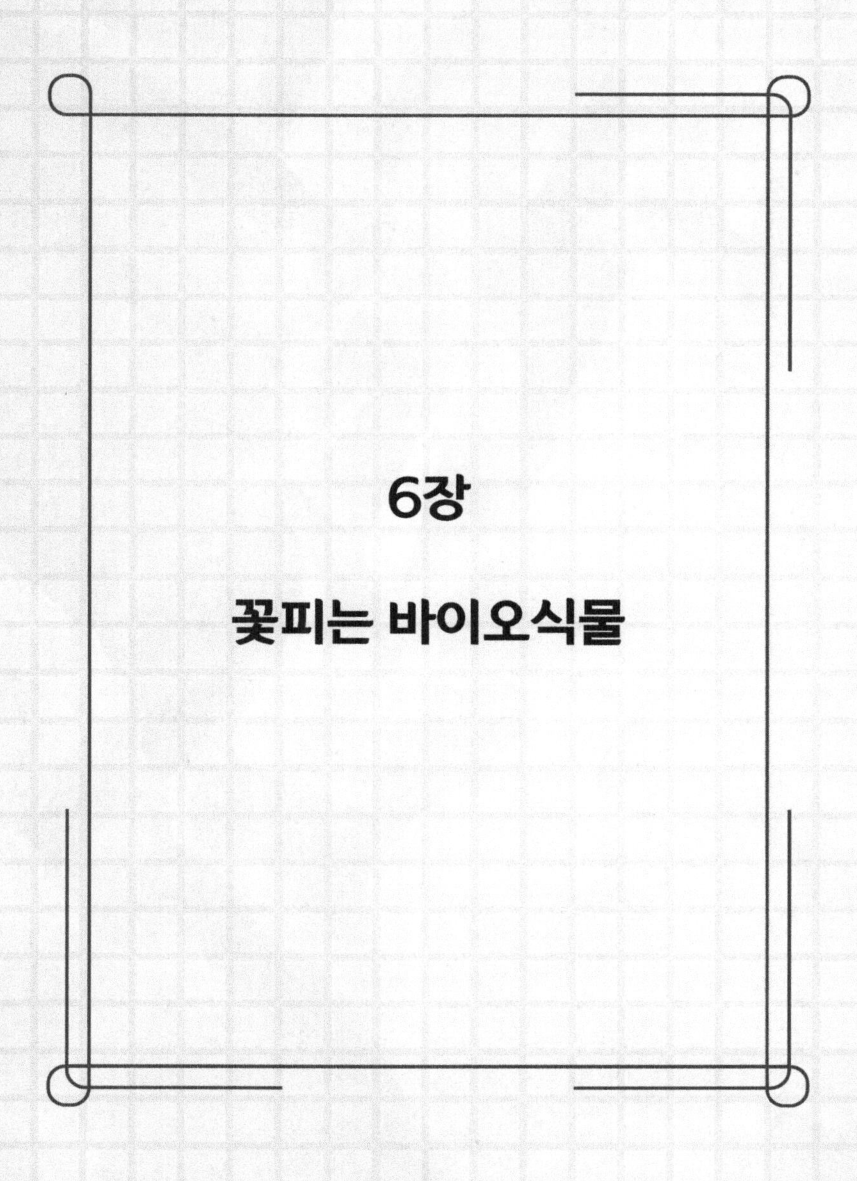

6장

꽃피는 바이오식물

빛내는 식물을 만든다

반딧불이는 여름의 서사시이다. 무더운 여름날 저녁, 냇물의 물소리를 들으며 어지러이 날아다니는 반딧불이을 보고 있노라면 시원한 느낌이 든다.

그러나 반딧불이는 인간을 기쁘게 하려고 빛을 내는 것이 아니다. 반딧불이의 빛은 암컷과 수컷의 교미에 중요한 역할을 한다.

수컷은 비행 중 약 5초 간격으로 형광을 내고서 급상승한다. 그를 본 암컷도 빛을 내어 응답한다. 이런 일을 여러 번 반복한 다음 서로 짝을 이룬다. 반딧불은 반딧불이에게 사랑의 표시인 것이다.

빛을 내는 생물은 반딧불이만이 아니다. 밤바다에서 파도를 맞을 때 빛을 내는 바다반딧불이, 준하만(駿河灣) 등 심해에 사는 발광오징어, 황궁도랑에 사는 반짝이끼, 작은 발광세균 등 찾아보면 여러 가지가 있다.

변한 형태로는 남미산 벌레 중 머리는 빨갛게, 몸은 녹색으로 발광하는 것도 있다. 이름은 레일로드웜(Rail Road Worm, 철도충)이라 한다. 이름처럼 정말 빨간 헤드램프와 녹색 라이트를 켜고 달리는 야간열차 느낌이 든다.

헤엄갯지렁이의 일종으로 대서양 버뮤다섬에 서식하는 버뮤다파이어웜(Bermuda Fireworm) 암컷은 보름날부터 2~3일이 지난 밤에 해면에 원을 그리며 계속 빛을 낸다.

그러면 해면 아래 있던 수컷이 무리를 지어 빛을 내면서 직진하며

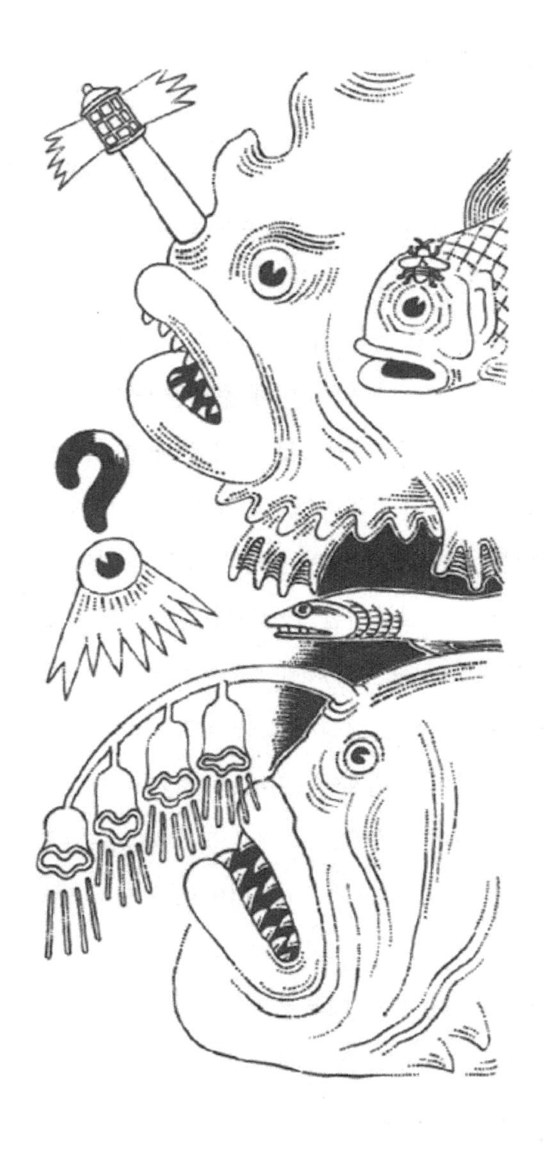

빛나는 '눈꺼풀'!

원에 합류한다. 암컷과 수컷은 헤엄쳐 해면에 원을 그리며 알과 정자를 해수 중에 방출한다고 한다.

심해어의 95%는 발광어이다. 발광하는 어류 중에는 자신이 직접 발광하는 것도 있고 체내의 특수한 기관에 공생하는 발광세균이 발광하는 경우도 있다.

포토블레파론(photoblepharon, '빛나는 눈꺼풀'이라는 의미)이라는 고기는 눈 아래에 세균을 넣는 조직이 있고, 그 위에 셔터의 작용을 하는 막이 있다. 그래서 '눈꺼풀'이 빛을 내며 그런 이름이 붙었다.

잠시 살펴본 것만으로도 빛을 내는 생물에는 여러 가지가 있다는 것을 알 수 있다.

이 발광 생물의 발광 양식은 체내 발광과 체외 발광으로 나누어진다.

체내 발광은 반딧불이나 야광충과 같이 생물의 체내에서 발광 물질이 빛나는 경우이고, 체외 발광은 바다반딧불이나 발광오징어같이 발광 물질이 일단 체외로 분비되고 나서 빛나는 경우이다.

바다반딧불이는 적이 오거나 어떤 자극이 있으면 발광 물질을 내고, 자신은 거기에서 도망간다. 심해의 발광오징어의 경우도 같은 이유로 발광한다. 암흑의 해저에서 오징어의 먹물은 아무 소용이 없어서 발광 물질을 내어 도망가는 것이다.

생물 발광은 프랑스의 뒤보이스(Dubois)가 처음 화학적으로 접근하였다. 1887년 그는 갈매기조개나 반디방아벌레에서 얻은 발광 성분이 두 가지, 즉, 열에 안정한 성분과 불안정한 성분으로 되어 있는 것을 발

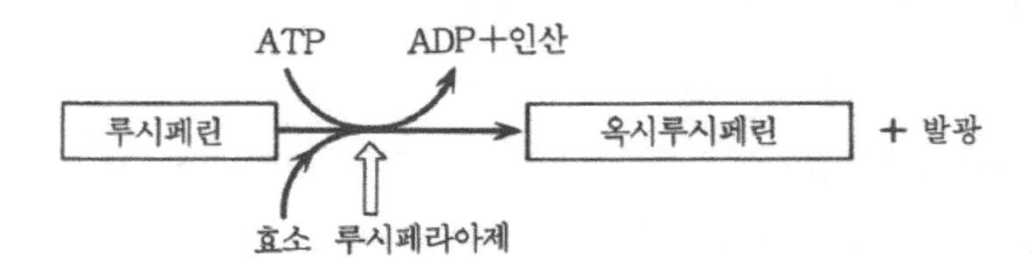

그림 6-1 | 형광의 원리

견하였고, 안정한 성분을 루시페린(luciferine), 불안정한 효소성분을 루시페라아제(luciferase)라 하였다.

이후 반딧불이나 바다반딧불이에서도 루시페린과 루시페라아제계가 발견되어, 최근에는 이 성분이 생물 발광에 필수적인 것으로 생각되고 있다.

현재는 이 계 외의 해파리 등에서 발광 단백질(aequorin)이 발견되고 있다. 그러나 루시페린, 루시페라아제계가 발광 생물의 대부분인 점에서 변함이 없다.

이 생물 발광 현상은 매우 효율이 높고 열도 거의 발생하지 않는다.

열을 거의 내지 않는 고효율의 에너지 교환 때문에 생물 발광은 '찬빛'이라 하며, 이상적인 발광량으로 알려져 왔다.

반딧불이나 바다반딧불이의 경우는 발광 물질인 루시페린이 효소 루시페라아제와 ATP, 수중의 용존 산소에 의해 옥시루시페린(oxyluciferine)이 되면서 빛을 낸다(그림 6-1).

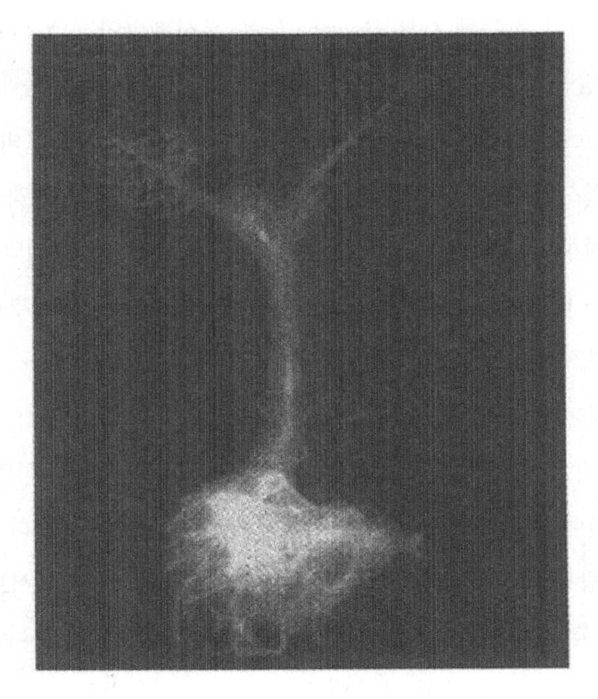

그림 6-2 | 빛을 내는 식물(Haul 등 「Science」에서)

지금도 ATP를 정량하는 데 반딧불이 꼬리를 동결건조한 것이 사용되고 있다. 주로 북미 반딧불이의 꼬리가 시판되고 있다. 필자도 예전에 사용한 경험이 있다. 빛이 나지 않으면 단지 파리의 꼬리 부분과 같은데, 빛을 낸다고 생각하면 기묘한 느낌이 들었다.

1986년, 미국 캘리포니아대학 헬린스키(D. R. Helinski) 등이 북미 반딧불이에서 루시페라아제 유전자를 분리하였다.

같은 대학 하우웰(S. H. Howell) 등은 루시페라아제의 cDN-A(상보 DNA)를 당근 배양 세포의 프로토플라스트에는 일렉트로플레이션(전기 펄스(pulse)로 세포에 도입하는 방법)으로, 담배에는 아그로박테리움을 통해 도입시켰다. 형질 전환한 식물에 루시페린과 ATP 용액을 빨아들이게 하여 어두운 데서 X선 필름을 대어 빛을 쪼이자 뿌리와 줄기, 잎의 일부가 빛나는 것으로 관찰되었다(그림 6-2). 특히, 잎과 뿌리의 엽맥 부분은 루시페린이 통과하는 길이라 잘 빛나고 있었다. 잎도, 새것보다 오래된 것이 잘 빛났다.

독일 막스 플랑크 연구소의 셀 그룹 또한 같은 실험을 하였다. 그들은 반딧불이 대신 발광세균의 루시페라아제 유전자를 사용하여 실험하였다. 발광세균의 루시페라아제는 반딧불과 달리, 두 개의 서브 유닛(보조 단위)으로 이루어져 있다. 그들은 특설한 프로모터를 사용하여 두 서브 유닛을 하나의 벡터에 삽입하여 식물에 도입하였다. 그 결과 발광세균인 루시페라아제가 담배와 당근에서 발현하여 빛을 내는 것이 보였다. 이는 두 서브 유닛이 식물 체내에서도 정상적으로 화합한 것을 의미하고 있다.

반딧불이와 비교하면 트랜스제닉 식물의 빛은 매우 약하나 한밤중에 눈을 고정하면 희미하게 빛나고 있는 것이 보일지도 모른다.

루시페라아제 유전자에 더 강한 프로모터를 붙이거나 유전자의 카피 수를 증폭시키면 빛은 더 밝아질 것이다. 또는 루시페라아제보다 강한 효소가 발견되면 그것을 사용할 수도 있다.

어쨌든 이렇게 빛나는 식물이 많이 만들어지면 재미있는 곳에 사용될 수 있다. 그 예로 일반 조명 대신 사용하는 것, 그것도 여러 생물의 루시페라아제를 사용하면 미묘하게 다른 빛의 색조를 여름밤에 즐길 수 있을 것이다.

빅 에그(big Egg)와 같은 옥내 돔(dome)의 조명은 무리라 해도, 하이테크 카페나 레스토랑의 인테리어로 사용될지도 모른다.

이에 가게의 이름은 수중화(水中花)가 아니고 '암중화(暗中 花, 어둠의 꽃)'라고 하면 좋을 것이다. 아마 커플이 여럿 생기는 분위기일 것이다.

병충에 강하다

1901년 일본은 양잠업이 성하였으나 누에가 계속 죽어가 졸도병을 조사하고 있던 이시와다(石減禮胤)는 세균에 원인이 있는 것을 발견하였다. 누에 졸도병이란 마치 인간이 졸도할 때와 같이 누에가 마비되어 죽는 병이다.

이시와다는 졸도병으로 죽은 누에 유충을 조사하다가 고초균(姑草菌)과 닮은 막대 모양의 세균이 번식하고 있는 것을 알아냈다. 이시와다는 이를 '졸도균'이라 이름하여 「대일본 잠사회보」에 발표하였으나 세계에 널리 알려지지는 않았다.

그로부터 10년 후, 독일의 베르리나(Berliner)가 다시 알락명나방

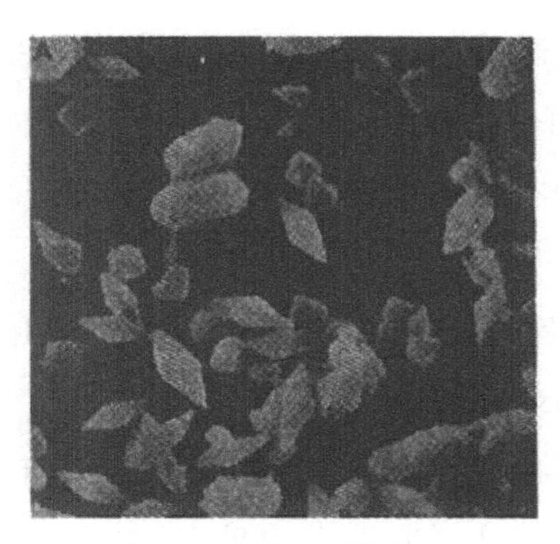

그림 6-3 | BT 독소의 결정(飯塚 등 「FEMS Microbiol. Lett」에서)

의 병원체에서 매우 닮은 세균을 발견하였다. 그는 이 세균을 투링기아(Thuringia)라는 동네에서 채집하였기 때문에 바실루스 투링기엔시스(Bacillus Thuringiensis)로 명명하였다. 현재 이 이름이 세계적으로 사용되고 있다.

이 세균이 만드는 독소는 BT 단백질이라는 결정성 단백질로 형태, 크기는 균에 따라 달라져 보리형, 방추형, 입방체형, 평판형, 부정형 등이 있다(그림 6-3).

곤충에게 좋지 않은 점은 살충성 BT 단백질이 곤충의 장관에서 부분적으로 소화되어 비로소 독성을 발휘한다는 점이다.

즉, BT 단백질은 세균 속에서는 무독의 형으로 존재하며, 곤충 장관의 소화액에 의해 비로소 독성의 톡신(toxin)으로 변화한다.

1950년대 후기에 미국에서 B.T 단백질의 제제화 연구가 시작되어 1960년에 아보트(Abbtt)사에서 시판하게 되었다.

해충의 미생물을 해충 구제용으로 이용하려는 생각은 지금부터 백년 전쯤 파스퇴르(L. Pasteur)와 메치니코프(E. Metchnikoff)가 시작하였다. 처음 대상이 될 것은 바실루스 투링기 엔시스의 아종인 커스타키(B.

thuringiensis var. kurstaki) HD-1이었다.

바실루스 투링기엔시스가 만들어 내는 독소는 조사에 의해 네 가지인 것으로 밝혀졌다. 하인페르(Heinpel)는 그를 분류하여 알파 외독소, 베타 외독소, 감마 외독소, 델타 내독소로 구별하였고, 그중 살충성이 강한 것은 베타 외독소(β-exotoxin)와 델타 내독소(δ-endotoxin)이다.

베타 외독소는 델타 내독소보다 살충 범위도 넓고 효과도 강하나 애석하게도 작은 동물이나 인간에게도 해를 준다.

한편, 델타 내독소는 결정성 단백질로 곤충의 장관에서 독소로 변하면 장관 조직을 파괴하여 소화액과 혈액을 혼합시킨다. 그 결과, 소화액의 pH가 혈액에 중화되어 균의 포자가 발생하는 조건이 갖추어진다. 그렇게 되면 곤충의 시해(屍骸)는 균의 아주 좋은 증식 배지가 되고 만다. 곤충에게는 무서운 병원균이다.

현재는 베타 외독소는 생산하지 않으며 델타 내독소만 생산되는 균주의 시판이 허가되어 있고 캐나다와 미국에서 삼림 병해충 방제에 BT 제로서 주로 사용되고 있다.

일본에서는 양잠업에 대한 두려움 때문에 죽은 균만 시판이 허가된 상황이다.

그리고, 1980년대에 들어 델타 내독소의 유전자 클로닝이 시작되었다.

워싱턴대학의 화이트리(H. R. Whiteley) 등이 대표적인 아종 커스타키 HD-1 유전자의 염기 배열을 결정하였고, 그 후 여러 아종의 유전자

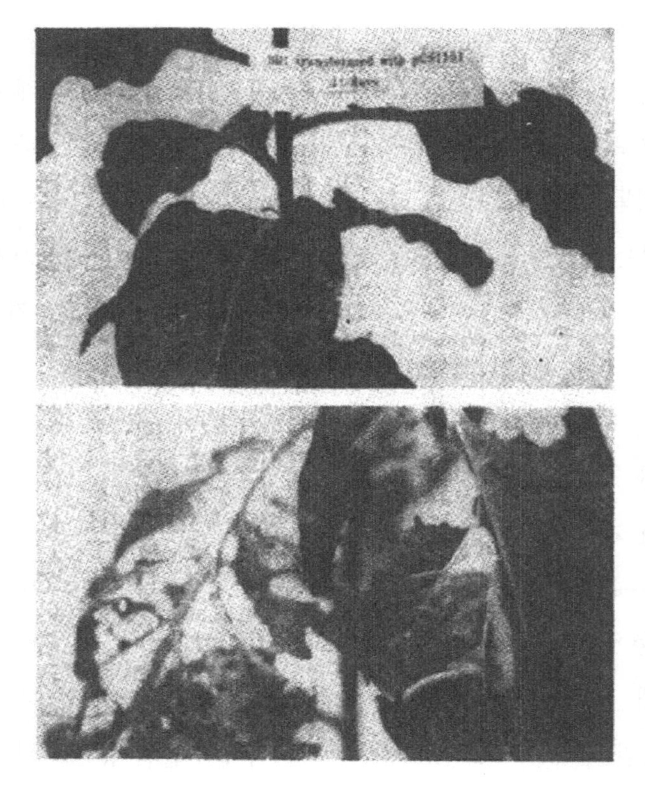

그림 6-4 | BT 단백질을 발현시키고 있는 트랜스제닉 식물(위). 보통의 것(아래)에 비하여 병충에 강하다(Mondaki 등 「Nature」에서).

가 결정되었다. 또 이스라엔시스(Israefensis)와 샌디 에이고(San Diego), 테네브리오니(Tenebrionis) 주(株) 등 쌍시목(雙通目, 파리, 모기, 파리매 등)이나 초시목(棺超目, 투구벌레 등과 같은 갑각류)에 유효한 독소의 유전자도 얻어지고 있다.

각 주의 델타 내독소 유전자를 비교한 결과, 유전자 가운데 부근에 곤충의 소화액으로 절단되는 위치의 염기 배열과 말단 부근에 상동성이 높은 독성을 나타내는 배열이 있는 것으로 밝혀졌다.

그렇다면 바로 이 독소의 유전자를 식물 벡터에 연결하여 내 충성 식물을 만들고 싶은 흥미가 생기지 않을 수 없다.

선두를 달린 것은 미국의 몬산트사와 벨기에의 PGS사이다. 특히 PGS사가 형질 전환한 식물은 매우 살충력이 강하여, 담배의 해충인 담배 박각시나방 유충에 강한 살균 효과를 나타냈다 (그림 6-4).

처음에 PGS사는 담배를, 몬산트사는 토마토를 사용하였으나 그 후 칼진(Calgene)사는 면화를 실험하였다. 현재는 다른 주요 작물에 도입하려 시도하고 있고, 몬산트사와 같이 BT 단백질 유전자를 인공적으로 개변하여 더 강한 것으로 발전시키는 곳도 있다.

식물의 형질 전환에 사용되고 있는 BT 단백질(델타 내독소)은 곤충에 특이적이고 인간이나 동물에는 해가 없으므로 이 형질 전환 식물은 가장 빨리 세상에 나오게 되는 내충성 식물이 될 것이다.

BT 단백질의 도입은 식물만이 아니다. 몬산트사와 마이코젠(Mycogen)사는 식물 뿌리에 서식하는 슈도모나스균에 BT 단백질을 도입하여 살충 단백질을 만들고 있다. 이 균으로 뿌리를 갉아 먹는 해충을 구제할 수 있다.

묘고 단백질의 사용 방법도 여러 가지이다.

병충을 물리치는 물질의 비밀

최근, 내충성 식물을 만드는 데 다른 방법이 개발되었다.

식물이 생산하는 물질로 곤충이나 동식물에 해를 주는 것이다. 다음은 그것을 이용하는 방법이다. 독성 물질을 갖는 식물을 먹은 곤충이나 작은 동물은 심하면 죽어 버리며, 죽지 않아도 두 번 다시 그 식물을 먹지 않게 된다. 이와 같이 식물이 만드는 물질이 곤충이나 작은 동물을 물리치는 것을 기피작용이라 한다.

누에가 뽕잎밖에 먹지 않는 것은 누에에게 뽕잎이 무해하기 때문이다. 다갈색 멸구가 벼는 먹으나 피 (그림 6-5)를 먹지 않는 것도 피에 다갈색 멸구가 싫어하는 물질이 들어 있기 때문이다.

이들이 싫어하는 성분 중에 식물이 만드는 프로테아제 인히비터(Protease Inhibitor)가 존재한다.

프로테아제 인히비터란 단백질을 분해하는 프로테아제의 활성을 저해하는 단백질로 동식물에 널리 분포되어 있다.

대개 프로테아제는 식물이 발아하거나 과실이 익을 때만 나오는 단백질로, 저장하고 있는 단백질을 분해하여 대사를 위해 사용한다. 그래서 프로테아제 인히비터는 항상 필요 없는 프로테아제로부터 세포 성분을 지키는 역할을 하고 있다.

그러나, 최근에는 몇 가지 프로테아제 인히비터는 오히려 식물의 외적에 대한 방어를 담당하고 있는 것으로 생각되고 있다.

그림 6-5 | 벼(왼쪽)와 피(오른쪽).

예로서 광저기 콩의 세린(Serine) 프로테아제 인히비터는 어떤 종의 갑충 유충에 대해 강한 치사 작용을 나타내는 것으로 알려져 있다. 나아가 두류의 인히비터도 곡류 해충의 성장을 저지하는 작용을 하고 있다.

이 작용은 밀이나 감자류, 토마토 등에도 보이며 식물이 갖는 일반적인 방제 작용 중 하나로 생각되고 있다.

실제로 토마토나 감자 잎을 곤충이 파먹으면 파먹은 잎뿐만 아니라 다른 잎에도 일제히 인히비터가 축적되어 곤충에 대한 방어 작용을 나타낸다.

이에 대해 워싱턴대학의 라이언(C. Ryan)은 상처 난 곳에서 세포벽 성분이 유리하여 다른 세포로 도달되어 인히비터의 합성을 일으킨다고

그림 6-6 | 트립신 인히비터 유전자를 도입시켜 충해에 대해 내성이 생긴 식물(오른쪽)(게트하우스 등 「Nature」에서).

주장하고 있다.

이 인히비터 중 광저기의 인히비터는 인간에게 해가 없고 심지어는 생으로 먹는 인종도 있다고 한다.

영국 듀럼(Durham)대학의 게트하우스(A. M. R. Gatehause)와 불터(D. Boulter)는 광저기의 세린 프로테아제 인히비터에 주목하였다.

그들은 먼저 이 유전자를 클로닝하였다. BT 단백질에 비해 이 인히비터는 독성은 약하나 BT 단백질보다 적용 범위가 넓은 것이 장점이다. 인시목 곤충과 투구벌레와 같은 갑충류를 동시에 구제할 수 있다.

이 유전자를 Ti 플라스미드 벡터에 실어 담배를 형질 전환하면 담배의 해충으로 싹을 감아 먹는 인시목 유충에 방제 효과를 나타냈다(그림 6-6).

이와 같이 BT 단백질이나 프로테아제 인히비터 같은 살충성 단백질을 도입하여 내충성 식물을 만들어 내는 시도가 계속 이어지고 있다.

한편, 최근 농약 때문에 자연계의 천연 생물이나 물질을 이용하여 농약을 대신하려는 생각이 크게 일고 있다. 예로서 미국 코넬대학의 그라나드(Granados)는 곤충의 위벽을 파괴하여 바이러스 살충 효과를 100배 정도 증가시키는 단백질을 발견하였다.

이처럼 살충성이 있는 단백질이 분리되어 식물에 도입할 수 있게 되면 지금과 같은 합성 농약에 의한 해를 최소화할 수 있을 것으로 기대된다.

꽃의 색을 바꾼다

최근, 거리나 공원에 꽃이 많아졌다. 사철마다 피는 계절 꽃 외에 하우스 재배나 온실 꽃이 늘어 갖가지 색의 꽃이 일상생활에 정취를 더한다.

이는 일본이 향기를 즐길 여유가 생긴 것도 크게 영향을 미치고 있는 것 같다.

그러나, 보기에 멋있는 꽃의 색과 형은 육종가나 종묘회사, 그리고, 애호가로 불리는 사람들이 오랜 시간에 걸쳐 육성한 노력의 결과이다.

예로서, 장미는 고대부터 많은 사람의 손에 의해 적극적으로 품종 개량된 꽃으로, 현재 원예종은 2만 종이나 된다. 나폴레옹의 왕비 조세핀(Joséphine de Beauharnais)도 장미를 매우 좋아하여 베르사유 궁전의 정원을 수많은 장미로 메웠다는 이야기가 잘 알려져 있다.

꽃 육종가는 교배를 거듭하여 많은 종류의 꽃을 자기 취향에 맞는 꽃으로 바꾸었다. 그러나 거기에는 한계가 있다. 국화나 장미와 같이 많은 색을 가진 종류의 꽃이라도 모든 색을 갖고 있는 것은 아니다.

일반적으로 꽃의 색소는 주 색소로 불리는 안토시아닌(Anthocyanin)류 플라본(Flavon)류 카로틴(Carotene)류가 금속이온을 중앙으로 한 화합물을 만들며, 그 화합물이 중심이 되어 색의 범위가 정해지고 거기에 보조색소나 세포 내 pH의 영향이 더해져 미묘한 색조를 띠게 된다.

'꽃의 색은 변하기 쉽고……'라는 노래가 있다. 마찬가지로 생리적인 조건이나 식물의 연령 등에 의해 꽃의 색은 서서히 변한다. 예로서 수국은 산성 토양에서 키우면 청색 꽃이 되고 알칼리성 토양에서 키우면 복숭아색이나 연보라색 꽃이 된다.

이와 같이 꽃의 색은 미묘하게 변하므로 의도적으로 육종하여 색을

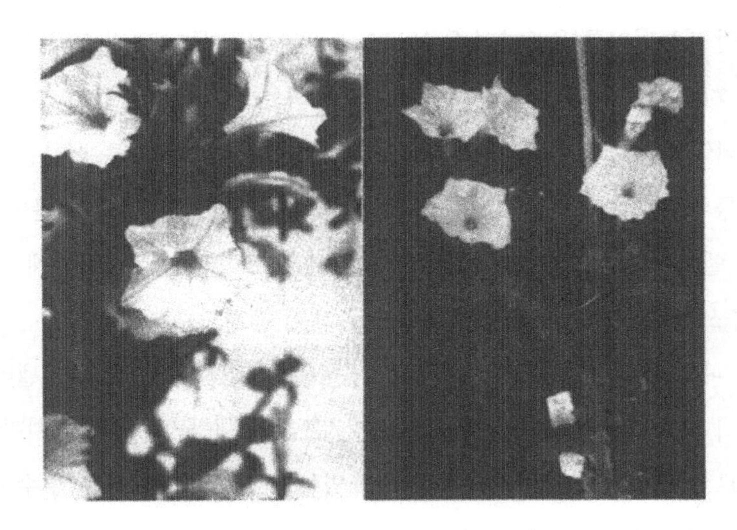

그림 6-7 | 옥수수 유전자를 도입시킨 피튜니아(오른쪽)는 정상 피튜니아(왼쪽)에서 볼 수 없는 빨간 벽돌색의 꽃이 달려 있다. (Sedora 등「Nature」에서)

바꾸는 일은 어렵고, 우수한 신품종은 육종가의 눈과 행운이 따라야 하는 경우가 많다.

꽃의 색을 이루는 안토시아닌, 플라본, 카로틴류 색소는 식물의 이차 대사산물, 즉 그 생물의 생존에 직접적으로 필수적이지 않은 대사산물로 알려진다. 그중 유전자가 분리된 것은 매우 적고, 대사경로조차 알려지지 않은 것이 많다. 그러나, 이 색소의 유전자가 분리되면 유전자를 목적하는 꽃에 도입하여 꽃의 색을 바꿀 수 있는 단계에 이르게 된다. 최근 꽃의 색을 바꾸는 데 유전공학적 방법도 시도되고 있다.

1987년, 독일 막스 플랑크 연구소의 새들러(H. Saedler) 그룹과 오랫동안 피튜니아를 육종하여 온 포크만(G. Forkman) 등이 먼저 시작하였다.

지금까지 피튜니아의 꽃에 빨간 벽돌색은 존재하지 않았다. 이는 피튜니아에 시아니딘(cyanidin)과 델피니딘(delphinidin)은 존재하나 빨간 벽돌색을 내는 펠라르고니딘 (pelargonidin)이 존재하지 않기 때문이다.

델피니딘, 시아니딘, 펠라르고니딘은 대표적인 안토시아닌계 색소로, 쓰인 순서대로 파랑에서 빨강으로 색이 단계적으로 변한다.

피튜니아는 펠라르고니딘으로 변하는 물질(기질)이 있으나 펠라르고니딘으로 변하게 하는 효소는 없다. 그래서 새들러는 흰색이지만 펠라르고니딘의 기질을 잔뜩 함유하고 있는 피튜니아를 택해 옥수수에서 얻은 효소의 유전자를 도입하려고 하였다.

물론 그것은 펠라르고니딘의 기질을 펠라르고니딘으로 바꾸는 효소이다. 효소의 유전자를 벡터에 연결하여 흰색 피튜니아를 형질 전환한 결과, 흰 꽃이 보기 좋게 빨간 벽돌색으로 변하였다. 피튜니아에 원래 없던 새로운 색소 경로가 생긴 것이다(그림 6-7).

이 성과는, 꽃의 색 합성 경로를 알기만 하면 부족한 효소의 유전자를 도입하여 새로운 꽃의 색을 탄생시킬 수 있다는 것을 보여 준 것으로, 꽃 애호가뿐 아니라 원예회사에도 큰 충격을 주었다.

꽃 수출국으로 알려진 네덜란드를 비롯하여 세계 각국 여러 곳에서 꽃의 색 합성 경로 유전자를 얻으려고 노력하고 있다. 색소 합성계 유전자가 얻어지면 그를 사용한 형질 전환의 이용 범위가 더 넓어질 것이다.

꽃의 색을 지운다

새들러의 실험 후 이번에는 식물이 가진 고유색을 지워 버리는 기술이 나왔다.

안티센스(antisense) RNA가 있다. 번역으로 단백질을 만드는 정보를 가진 RNA를 mRNA라 하며, mRNA와 상보적인 RNA를 안티센스 RNA라 한다. 이때 mRNA를 센스(sense) RNA(의미 있는 RNA)라 하여 대비시키고 있다.

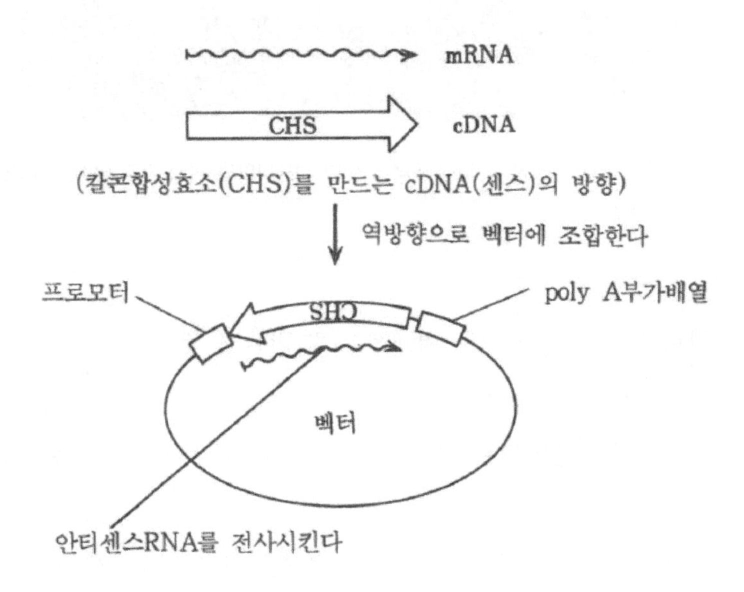

그림 6-8 | 안티센스 RNA를 갖는 벡터.

그림 6-9 | 안티센스 RNA에 의해 꽃색이 변한 피튜니아와 여러 가지 담배, 꽃(More 등 「Nature」에서)

안티센스 RNA를 세포 내에서 다량 만들면 센스인 mRNA와 하이브리다이즈(hybridize, 상보적인 염기끼리 서로 짝을 이루는 것)하여 mRNA에서 단백질로 번역되는 것을 저해하는 결과가 나오는 것으로 알려져 있다.

네덜란드 프리쥬대학의 몰(J. Mol)은 안티센스 RNA 기법을 사용하여 꽃의 색을 지우는 실험을 하였다.

플라보노이드(flavonoid)계 색소의 전구체를 합성하는 효소(chalcone, 합성 효소)는 꽃의 기관에서 만들어지고 있다. 그래서 이 효소 유전자를 클로닝하여 상보적 DNA(cDNA)를 안티센스 RNA를 만드는 방향으로 벡터의 프로모터에 연결한다. 즉, 센스 DNA와는 반대 방향으로 연결된다(그림 6-8).

그들은 이를 벡터에 실어 담배와 피튜니아에 도입하였다.

도입된 안티센스 유전자의 발현은 복잡하였다. 숙주인 염색체의 어느 위치에 어떤 카피가 조합되어 있는가에 따라 꽃의 색이 매우 달랐다.

즉 안티센스 RNA가 대량으로 발현하는 것은 흰색 꽃이 되고 소량 발현하는 것은 원래의 꽃 색에 가깝다. 그러나 안티센스 RNA의 양만으로는 결정되지 않는 것도 있었다. 그리고 발현량의 대소나 세포 내 환경에 의해 꽃의 색이 빨강에서 흰색으로, 중간적으로 변화하는 것도 있었다. 또, 꽃잎 세포 사이에 안티센스 RNA의 유전자 발현량이 다르면 꽃에 섹터 (Sector)라는 줄무늬와 빨강과 흰 모자이크 모양이 나타났다(그림 6-9).

이러한 유전자 발현의 강약에 따른 표현형 차이는 앞서 말한 옥수수의 펠라르고니딘 합성 효소의 유전자 도입 실험에서도 보인다.

도입된 유전자 발현의 강약은 유전자가 몇 번째 염색체의 어느 부위에 조합되어 들어갔는가 하는 점, 특히 도입된 유전자의 인접 부위가 무엇인가에 따라 크게 다르다.

강한 전사 활성이 있는 영역이나 인핸서 부근에 삽입된 유전자는 더 많이 발현하며, 활성이 낮은 부위에 조합되어 들어간 유전자는 발현량도 적을 것이다. 이 현상은 동물 세포에서도 보이며 일반적으로 이를 '위치 효과'라 한다.

파란 장미꽃, 파란 국화꽃

유전자 조작으로 꽃의 색을 바꾸는 방법 중에서도 꽃 연구자가 가장 기대하는 것은 '파란 장미꽃'이다.

다른 색에 비해 세상에 파란색을 가진 꽃은 적다. 그중에서도 제비꽃이나 닭의장풀과 같이 맑은 청색을 갖는 꽃은 손으로 셀 정도로 적다. 국화나 장미라는 대표적 원예 식물에 파란 꽃이 도입되면 사람들이 얼마나 기뻐하겠는가.

파란 색소에는 어떤 것이 있을까. 바로 머리에 떠오르는 것은 진팬츠(jean pants) 등의 염료인 인디고(indigo)이다. '남빛 물감은 쪽(식물의 일종)에서 나와서 쪽보다 파랗고'라는 노래가 있다.

쪽의 물감은 기원전 2000년경 인도에서 발견되어 이집트나 고대 그리스, 로마 시대부터 사용된 가장 오래된 염료이다. 1890년대에 독일의 바이엘(Bayer)사가 인디고를 화학 합성할 때까지는 식물인 쪽에서 얻고 있었다.

그러나 쪽 자체는 파랗지 않고, 오히려 무색이다. 인디고는 쪽 세포

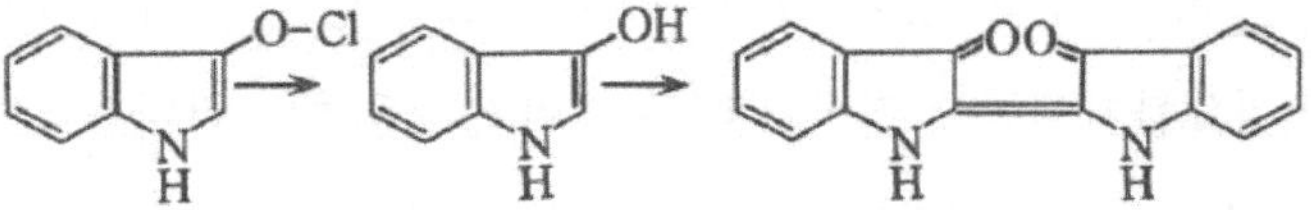

O-Cl OH O O

N H N H N H N H

인디칸 (무색) 인독실 인디고 (파란색)

그림 6-10 | 쪽의 발색

중에서는 인디칸(indican)이라는 구조를 취하며 무색이기 때문이다(그림 6-10).

쪽을 잘라서 한참 발효시키면 비로소 인디칸이 인디고로 변하여 진한 청색을 띠게 된다. '물감은 쪽에서 나와서' 하는 이유가 여기에 있다. 자연 그대로 파란색인 꽃은 인디고의 색이 아니다.

자연계에서 일반적으로 파란 꽃 색을 띠는 색소는 시아니딘과 델피니딘이다. 특히 델피니딘은 파란 색소의 중심 성분으로 파란색 꽃의 90% 가까이가 델피니딘이 나타내는 색이다.

시아니딘은 파랑에서 적자색에 걸쳐 색조를 띠며 수국과 같이 빨강에서 파랑, 그리고 자주로 생리적 변화에 따라 꽃 색이 변한다. 시아니딘을 주 색소로 하는 꽃에는 수국 외에 수레국화가 있다. 한편 제비꽃이나 닭의장풀의 맑은 청색은 델피니딘에 의해 만들어진다.

델피니딘은 시아니딘보다 순수한 청색에 가까우며, 보조색소나 금속이온의 영향으로 역시 델피니딘이 내는 색도 여러 가지로 변한다. 따라서 델피니딘 합성 효소의 유전자를 장미나 국화에 도입하여 꽃 색이 파랗게 된다는 보증은 없다. 그렇지만 주 색소의 존재는 청색이 발현하기 위해 필요불가결한 조건이기 때문에 먼저 도입해야 한다.

이 연구가 성공하면 파란 장미나 국화를 만드는 것도 꿈은 아니다. 그중, 무지개와 같은 칠색을 띤 꽃이 나타날지도 모른다.

'자연의 보고' 이차 대사산물

생체 내 물질의 합성, 분해 과정을 통틀어 대사라 한다.

그중 생명의 유지 및 생체의 구조 유지에 필요한 대사를 일차 대사라 하며, 그 외에 식물의 경우 생명 유지에 직접 관여하지 않는 이차 대사가 있다. 이차 대사산물에는 페놀(phenol)류, 테르펜 (terpene)류, 정유, 알칼로이드(alkaloid) 등 흥미로운 물질이 많다.

대부분의 일차 대사는 동물과 식물이 같으나 이차 대사산물은 식물의 종류에 따라 다른 것이 있다.

동물은 노폐물을 배설로 처리한다. 그에 반해 식물은 공기 중에 내는 산소나 이산화탄소 외에는 대사 과정의 최종 산물을 세포 내의 액포나, 세포 밖의 세포벽에 배출한다.

식물에 이 대사산물은 단순한 노폐물이 아니다. 예로서 리그닌(lignin)은 세포벽을 강고(強固)하게 만드는 작용이 있고, 알칼로이드 중에는 초식동물이 기피하게 하는 작용이 있다. 또, 페놀류나 테르펜류

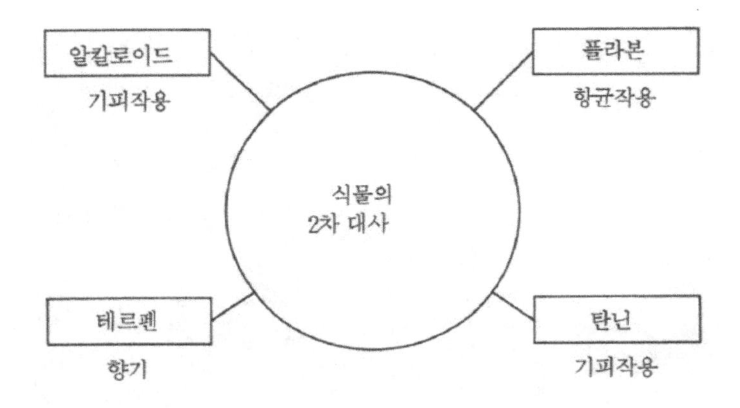

그림 6-11 | 대표적인 식물의 2차 대사산물

중에는 다른 식물의 성장을 억제하거나(allelopathy), 병원균이나 해충에 기피 작용을 일으키는 것이 있다(그림 6-11).

유명한 예로는 모기향에 사용되고 있는 제충국(除虫菊)의 피레트노이드(pyrethnoid)가 있다. 이는 피레트린(pyrethrine)이라 하며, 절대적인 살충효과를 갖고 있다. 또, 카발(carbal)콩도 강한 살충 성분인 피조스티그민(physostigmin)을 갖고 있다(그림6-12).

현재 주요한 살충성 농약인 피레트노이드계 살충제는 이 두 식물 성분을 모델로 개발된 것이다. 이 외에도 녹나무가 생산하는 장뇌(camphor)나 너도밤나무가 만들어 내는 크레오소트(keosot)는 일상생활과도 친밀한 것들이다.

식물은 이런 기피물질을 내어 숙적을 물리친다. 그중에는 반대로 식

그림 6-12 | 모기향으로 많이 사용되는 제충국

물의 독을 이용하는 곤충도 있다. 북미 대륙에 서식하는 알락나방은 타로토란을 먹어 독을 체내에 축적하여 어치(새의 일종)에게 잡아 먹히지 않도록 한다. 왜냐하면 이 나비를 잡아먹은 어치는 중독 증상을 일으켜 두 번 다시 입에 대지 않게 되기 때문이다. 식물 독을 이용하여 나비가 새에게 기피 작용을 일으키고 있다.

한편, 타감작용(他感作用, allelopathy)을 일으키는 식물도 많다. 척박한 땅에서 잘 사는 미역취는 생육 저해 물질을 내어 다른 식물의 성장을 억제, 자신만 번성하는 것으로 알려져 있다.

또, 적송림 아래서는 밑에 풀이 거의 보이지 않고, 샐비어속이나 쑥속의 관목도 테르펜류를 방출하여 다른 식물의 성장을 억제하고 있다.

그 외에 다른 식물의 생장을 억제하거나 씨가 발아하는 것을 저해하는 물질을 내는 식물도 많다. 이 억제 물질에는 여러 화합물이 있으며 거기에는 페놀류, 지방산류, 테르펜류, 쿠마린(coumarin)류, 카테킨(catechin), 탄닌(tannin) 등이 있다.

또, 식물은 초식동물로부터 몸을 보호하는 장치를 가지고 있다.

예로서 알칼로이드의 일종인 니트릴 배당체를 함유하는 식물은 야생쥐나 토끼 등의 초식동물에 식중독을 일으키기 때문에 먹히지 않는다.

두과 식물에도 식해를 일으키는 알칼로이드를 함유한 것이 많고 목장이나 방목지대에서 드문드문 산재하여 있는 식물은 대부분 소나 말에게 유해한 식물이다.

독을 약으로

식물의 수많은 이차 대사산물 중 알칼로이드는 특히 의약품으로서 중요한 것이 많다.

알칼로이드에는 독을 가진 식물에서 얻는 것이 많으며, 발견까지 수많은 희생을 치른 경우가 많다.

예로서 모르핀(morphine), 코카인(cocaine), 키니네(quinine), 아트로핀(atropine), 레세르핀(reserpine) 등의 의약품은 유독 식물에서 뽑아낸 것들이다. 아트로핀은 말 등이 먹으면 흥분하여 달려가게 하는 사리풀

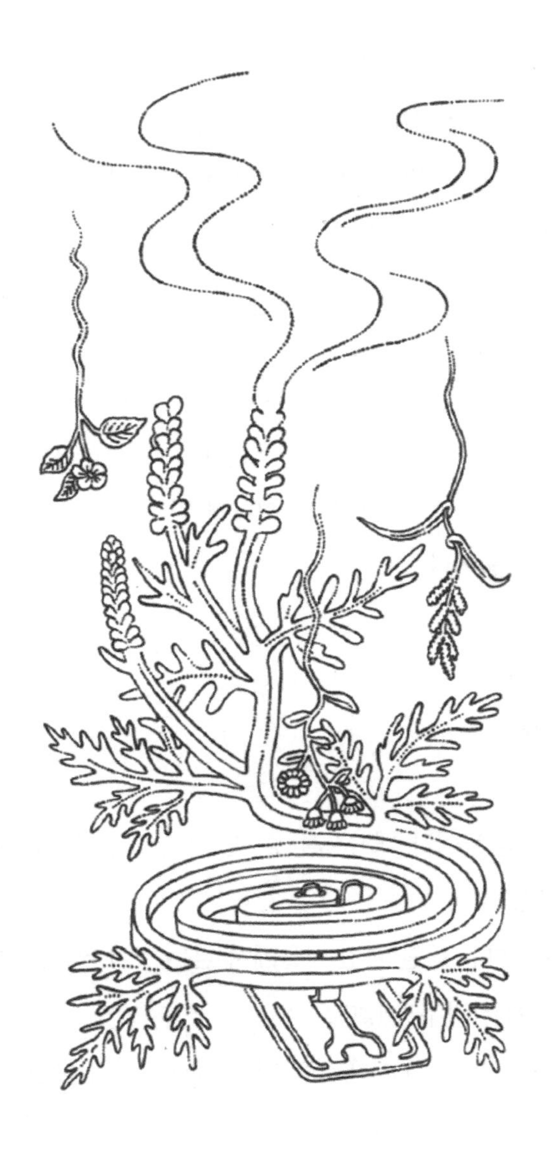

독가스를 뿜어내는 미역취(goldenrod)

(가짓과의 약용식물)에서, 레세르핀은 라울월피아(인도 能木)의 일종으로 뿌리가 독화살에 사용되고 있던 식물에서 발견한 것이다. 모르핀은 앵속인 양귀비에서, 코카인은 코카의 잎에서 키니네는 키나(kina)에서 발견한 것이다.

하나오카(華南青洲)가 마취약으로 사용한 바곳의 뿌리도 아이누족의 독화살에 사용된 우즈라는 맹독성 물질이다. 주성분은 아코니틴(aconitine)이다. 생약 개발의 역사는 사실 독을 약으로 한, 인간과 독초 사이의 전쟁의 역사라 할 수 있다.

알칼로이드류는 이 외에는 디지탈리스(digitalis)에서 채취한 강심제 디지토닌(digitonin), 인삼에서 얻는 사포닌(saponin) 등 의약품으로서 중요한 것이 많다. 뒤에 화학적으로 합성된 의약품이나 농약도 이들 천연성분을 모델로 한 경우가 대부분이다.

한편, 페놀류나 테르펜류는 정유의 성분으로서 향이나 향신료의 성분이 되고 있다.

최근 약초의 향이나 수목의 향을 맡아서 정신을 안정화하는 허브(herb)나 삼림욕(森林浴)이 유행하고 있다.

삼림욕에서는 나무에서 피톤치드(fitontsidy)라는 향기를 가진 성분이 나와, 인간의 대뇌에 작용하여 마음을 진정시키거나 활성화한다고 한다. 피톤치드란 원래 식물이 만드는 다른 식물을 죽인다는 물질의 의미이다.

피톤치드는 이름 그대로 세균을 죽이는 작용, 또는 공기 청정 작용하는 것으로 알려져 있다. 히말라야 삼나무, 은행나무, 상수리나무는 살균력이 강한 물질을 방출한다고 한다.

테르펜류나 정유 중에는 해충에 기피작용을 일으키는 것도 있고, 식물 자신에게 도움 되는 것도 있다. 이들의 테르펜류는 식물 사이의 '커뮤니케이션(comunication, 넓은 뜻으로 상호작용의 의미)'을 담당하고 있다고도 한다.

대량생산할 수 있는 실마리

식물의 이차 대사성분은 지금까지 살펴본 바와 같이 인간에게 유익하고 귀중한 물질이 많다. 그러나 모두 미량성분이다. 화학 합성할 수 없는 물질에 대해서는 양산할 수 있는 새로운 방법이 필요하게 된다.

예로서 인삼은 다 클 때까지 5~6년의 세월이 필요하며, 뿌리가 썩는 등 토양 병해가 많고 한랭 건조한 지방에 한하여 재배된다.

이런 단점을 극복하기 위해 인공적인 조건에서 유용 식물을 배양하여 유효성분을 추출하려고 했다. 그래서 지금까지 여러 배지나 여러 방법으로 수많은 식물을 배양하였으나 대부분 실패하고 말았다.

실패의 원인은 크게 세 가지로 들 수 있다. 첫 번째는 식물의 배양세포는 미생물과 비교하면 성장이 매우 느리다는 점이다. 두 번째는 식물 세포에는 액포나 세포벽이 많고 배양량에 비해 실효 성분이 매우 적은 데다 생산량이 불안정하다는 점이다. 세 번째는 가장 큰 원인으로, 이차 대사산물은 식물의 분화가 완성되어야 합성이 유도되는 것이 많고 캘러스(배양 세포)와 같이 미분화 상태로 늘어나는 것은 유효성분의 함량이 매우 낮기 때문이다.

이런 단점을 극복하는 방법으로는 탱크 배양 등으로 캘러스를 한꺼번에 늘인 다음, 분화용 배지에 옮겨 캘러스를 분화시켜 유효성분의 합성을 촉진하는 방법이다.

이 방법은 인삼의 캘러스 배양에 사용되었다. 또 하나의 방법은 분화하고 있는 조직이나 기관을 그대로 배양하는 방법이다. 예로서 부야베스(Bouillabaisse, 생선을 모듬냄비식으로 익힌 프랑스 마르세유 지방의 명물 요리)의 선명한 색을 내는 사프란의 암술은 한방약으로도 중요하다. 대량생산은 어려워서 수천 송이의 꽃을 모아도 암술의 양은 얼마 안 된다.

그러나 최근, 꽃과 암술을 그대로 기관 배양하는 방법이 확립되어 한꺼번에 대량생산할 수 있게 되었다.

인삼과 같이 유효성분이 뿌리에 있는 식물에 대해서는 아그로박테리움 리조게네스를 감염시키는 방법이 유효하다. 이 균을 감염시키면 감염된 식물에서 기형의 많은 실뿌리가 생긴다. 증식 속도도 단순히 뿌리를 기관 배양하는 것보다 매우 빠르고 수량도 많다. 거기다 유효성분의 함량도 유지되며, 그중에는 천연 뿌리의 함량보다 높은 것도 있다.

이런 배양 방법의 개량이나 인공적인 형질 전환으로, 유용 산물을 대량생산하는 일은 새로운 국면을 맞이하고 있으나 이들 이차 대사산물에도 다시 유전자 공학의 뜨거운 열기가 부어지고 있다.

만약, 이차 대사산물의 생합성 경로의 유전자가 분리되면, 유전자 조작으로 유전자를 식물에 도입하여 다량으로 발현시킬 수 있게 된다.

현재 생합성 경로가 뚜렷하게 밝혀진 것은 적어서 주요한 유전자는 거의 얻어져 있지 않은 상태이나 앞으로 흥미 있는 분야의 하나이다.

또, 지금까지 우량 세포주를 선발하는 방법을 사용하고 있는 방법으로 상업적으로 성공한 예도 있다. 예로부터 지치뿌리에서 추출한 시코닌(shikonin)이라는 한방약이 알려져 있다. 지치뿌리는 염료의 원료이며, 방충 작용도 있기 때문에 고대에서는 마(魔)를 제거하는 식물로 생각되고 있었다. 헤이안(平安) 시대에 자주색이 높은 신분을 가진 사람의 전유물이 된 것도 지치뿌리에서 얻는 자주색이 비싸서 귀하고, 마를 물리치는 데 사용하였기 때문이라 한다.

교토대학의 다바다(田端守)와, 미쓰이(三井) 석유화학은 시코닌 고생산주의 세포를 탱크 배양으로 대량으로 고품질 증식시켜 시코닌의 수량을 올리는 데 성공하였다. 화장품 회사인 가네 보우가 시코닌을 립스틱에다 섞어 바이오립(biolip)으로 팔기 시작하여 히트한 일은 기억에 새롭다.

루즈를 칠하는 것은 애초 의례적이었던 것 같다.

고대인은 악령이 입, 코, 귀 등 구멍이 있는 곳으로부터 육체에 침입하여 인간에게 들러붙는다고 믿고 있었다. 그래서 입구인 입, 코, 귀에 빨간색을 칠하면 악령의 침입을 막을 수 있다고 생각한 것 같다.

즉, 빨간색은 태양이나 빛의 색이며 피의 색이다. 원시인이 다른 동물보다 우위였던 것은 불을 다룰 줄 안다는 점이었다. 그래서 고대인은 빨간색은 신성하여 마가 끼지 않는다고 믿었다.

남태평양의 원주민 중에는 입, 코, 귀 외에도 배꼽이나 성기를 빨갛게 칠하는 민족도 있다고 한다.

화장은 몸의 색과 향기를 증가시키기 위한 것이다. 색도 중요하나 향기도 미용에 빠질 수 없다. 클레오파트라도 자극적인 사향 향기로 시저와 안토니우스를 유혹하였다고 한다.

향기에도 식물 성분의 정유(精油)가 많이 있다. 은은한 라벤더(lavender)향, 자극적인 재스민(jasmine)향 등 꽃을 기조로 한 향은 향수로 발전하였다.

특히, 서양을 중심으로 한 육식 민족은 체취가 강하여 전통적으로 향수가 발달하였다. 일본인은 곡류 중심의 식사이기 때문에 체취가 거의 없어서 서양에 비할 때 향수는 별로 발달하지 않았다. 그러나 최근은 냄새나 향에 붐이 일어 수요가 서서히 증가하고 있다.

어니스트 보우(Ahrnest Beau)와 코코 샤넬(Coco Chanel)이 만들고, 마릴린 먼로에 의해 일약 유명하게 된 샤넬 넘버 파이브(Chanel No. 5)나, 겔랑이 만든, 노일전쟁을 주제로 한 소설 '라 바타유(La bataille)'의 주인공에게서 이름 붙은 '미츠코(Mitsouko)' 등 걸작의 향수가 여럿 있다.

의약품이나 농약의 대량생산 외에도 삼림욕의 향기나 허브, 향수 등에도 앞으로 바이오 기술이 침투해 올 것으로 예측된다.

밭에서 의약품을

인슐린이나 인터페론(interferon) 등이 앞으로 10년이나 20년 지나면 밭에서 생산될 것이다.

독자는 모두 그런 바보 같은 일이 있을 수 있겠느냐고 생각할지도 모른다.

그러나 실제로 그런 시험이 이루어지고 있다. 벨기에의 PGS 사는 1988년에 뇌내 마약의 일종인 엔케파린(enkephalin)을 유채씨로 합성하는 데 성공하였다. 이 뉴스는 구미의 텔레비전과 신문에 모두 실려 매우 큰 반향을 일으켰다.

엔케파린은 뇌 내에 존재하며 신경작용을 좌우하고 진통 효과를 나타내는 펩티드(peptide, 소형 단백질)이다. 거기에다 마약과 매우 닮은 작용을 하는 것으로 유명하다. 달리기를 계속하면 뇌 내에 엔케파린이 분비되어 기분이 좋아진다. 즉, 황홀감을 느낀다고 한다. 일단 그 느낌을 얻은 사람은 점점 더 달리기에 힘쓰게 되는 것 같다.

아편이나 모르핀의 마약은 양귀비꽃의 둥근 열매로부터 얻은 식물성으로, 예로부터 강한 진정작용을 하는 것으로 알려져 있었다. 그러나, 마약은 의약으로서도 중요하나 의존성이 매우 강하기 때문에 문자

대로 마약이다.

예로부터 마약은 체내에서 흡수된 뒤 체내의 마약 수용체와 결합하여 작용하는 것으로 알려져 있었다.

1973년 존스홉킨스대학의 파트(Part)가 뇌 내에도 마약 수용체가 존재하는 것을 발견하였다.

바로 그 뒤인 1975년, 영국 애버딘(Aberdeen)대학의 존 휴스(John Hughes)는 돼지 뇌에서 마약 수용체와 결합하는 뇌 내 물질을 발견하였다.

그들이 발견한 물질은 매우 작은 펩티드로 겨우 아미노산 다섯 개가 연결된 간단한 것이었다. 뇌 내에는 두 가지가 존재하며, 그들은 이에 엔케파린(뇌내 인자)이라는 이름을 붙였다.

이 발견을 계기로 비슷한 작용을 하는 펩티드가 차례로 발견되어 현재 약 20종류가 알려져 있다.

이 뇌내 마약의 작용은 진통 작용 외에 정신 기능, 운동 기능과 내분비 기능 등 다양한 조절 기능에 관여하며, 생체 내의 중요한 호르몬으로서 주목된다.

1982년 교토대학의 누마(沼 正作) 등의 그룹과 독일의 유덴프렌드(Udenfriend) 등의 그룹이 소부 신수질에서 cDNA를 분리하였고, 독일의 헤르베르트(Herbert)와 영국의 휴스 등이 각기 사람의 갈색 세포에서 cDNA가 분리되면 유전자 공학을 이용하여 미생물이나 동물의 숙주·벡터계에서 대량으로 합성될 수 있는 것은 이미 다 알고 있는 사실이다.

이를 식물 세포를 숙주로 하여 보면 어떨까.

이런 발상은 식물의 벡터계가 개발된 때부터 시작되었으나 실제로는 매우 적은 양밖에 생산되지 않으며, 동물의 뇌에서 추출하는 일도 손이 많이 가는 데에는 변함이 없었다.

벨기에의 PGS사는 이를 개량하여 상업적 스케일로 적용하려 하였다. 그들은 엔케파린의 유전자를 유채 종자 단백질의 일종인 글로불린(globulin)의 프로모터에 연결하여 벡터에 조합하여 넣어서 유채에 도입하였다. 형질 전환된 유채는, 엔케파린 유전자가 종자 특이적인 글로불린의 프로모터에 이끌어졌기 때문에 종자에서밖에 발현하지 않는다.

이는 매우 효율적인 방법이다. 즉, 글로불린은 종자 중에서 전 단백질의 약 20% 가까이 차지하는 주성분이기 때문이다. 그러므로 형질 전환한 유채씨를 모으면 전체의 20%는 엔케파린이 된다는 계산이 된다. 유채씨는 원래 기름 짜는 데 사용되기 때문에 기름을 짜고 나서 엔케파린을 추출하면 일거양득이 된다.

PGS사의 델로지(Delodge) 사장은 이 획기적인 성과에 '분자 농업'이라는 이름을 붙였다. 이 분자 농업의 방법은 의약과 농업을 연결하는 것이라 할 수 있다.

미생물을 사용하여 동물의 미량 펩티드를 사용하면 정제 단계에서 균의 세포벽 성분 등이 혼입되기 때문에 발열 등의 부작용이 생긴다. 또, 당쇄가 붙은 단백질은 대장균으로 합성하기 어렵다.

한편, 동물 세포를 숙주로 하면 정제는 문제가 없으나 증식속도가 느리고, 배지에 혈청을 사용하기 때문에 생산비가 커진다.

만약 식물에서 동물성 펩티드가 생산되면 밭에서 염가로 의약을 생산할 수 있게 된다.

최근에는 동물을 형질 전환하여 동물 자신의 분비물에서 의약품을 정제하려고 하는 시도도 있다. 예로서 소의 유즙에서 의약품을 합성, 분비시키거나, 소의 오줌에 분비시켜 정제하려고 하는 시도이다.

그러나 성공하여도 역시 소를 키우는 것보다 밭에 유채나 감자를 기르는 편이 싸게 먹힌다. 간단하게 계산해도 천 핵타르의 밭에서 전 세계에서 필요로 하는 인슐린을 공급할 수 있다. 그리고, 수익은 벼를 재배하는 것보다 훨씬 높다. 분자 농업도 여러 가지이다.

바이오와인은 일본, 독일의 향기

많은 영웅이나 문인들이 즐기고, 많은 드라마를 연출한 술이나 와인(wine, 포도주)에 얽힌 수많은 전설이나 민요는 매우 오래전부터 세계 각지에 남아 있다. 일본에서는 사슴에 이끌려 발견한 '양로(養老)의 폭포' 전설 등이 익히 알려져 있다. 유럽에서도, 알코올은 처음 야생 원숭이가 수확한 과일이 자연히 발효하여 알코올이 된 것을 인간이 발견하였다든가 포도즙을 짜서 가죽 부대에 담아 저장한 것이 발효하였다든가 하는 일화가 많다.

수많은 알코올 음료 중에서도 와인을 대표로 하는 과실주는 인류가 가장 오래전부터 만들어 온 알코올일 것이다. 메소포타 미아(Mesopotamia) 문명을 일으킨 수메르(Sumer)인은 이미 와인의 양조기술을 갖고 있었다 한다.

그리고, 농경의 발달과 함께 곡물을 발효한 알코올류가 만들어져 나온다. 쌀을 원료로 한 청주, 보리를 원료로 한 맥주 등 각 곡물의 특징을 살린 알코올이 만들어져 나왔다. 알코올류는 이와 같이 전분이나 당을 저장하고 있는 과일, 곡식알, 뿌리 등으로 만들어지고 있다.

전분이나 당을 알코올로 변하게 하는 것은 효모이다. 이 사실 은 독일의 리비히(J. F. von Liebig)가 발견하였다. 그 이전에 이미 프랑스의 라부아지에(Lavoisier)는 당이 분해되어 알코올과 탄산가스를 생성하는 것을 발견하고 있었다.

이러한 배경에서, 왕후 귀족에게 헌상하는 술의 향기와 품질을 향상하기 위해, 효모를 개량시키는 등 우수한 양조기술이 발전되어 왔다. 예로서 샴페인(champagne)은 17세기쯤 프랑스의 샹파뉴(Champagne) 지방 농민이 황제의 인기를 얻기 위해 이리저리 고심하던 중 발명한 술이다. 이를 만든 수도승 페리농(Perineon)은 처음 한 잔 마셨을 때 "별과 같은 맛이다" 하고 외쳐댔다 한다(古賀守 「와인의 세계사」 중앙공론사).

이와 같이 오랜 전통을 빛내는 술빚기에도 최근에는 바이오 기술이 도입되고 있다.

술빚기에 없어서는 안 될 효모에 대해 간단히 살펴보자.

효모는 예로부터 제방, 양조 등에 사용되어 인간 생활과 함께 존재했다. 그래서 효모를 사용한 생화학적 연구도 오래전부터 시작되었다. 즉, 효소는 효모의 발효작용을 일으키는 성분으로, 효모의 파쇄액에서 발견되어 그런 이름이 붙었다.

분류상 효모는 세포벽을 갖고 있기 때문에 식물에 속한다. 크기는 8마이크론 정도의 달걀형이나 타원형, 구형(그림 6-13)을 하고 있고, 대부분 싹이 난 것 같은 모양으로 분열하여 무성적으로 증식한다.

그러나 무성생식에 의한 것만은 아니고, 적당한 조건으로는 유성생식도 한다. 이로부터 알 수 있는 바와 같이 균일하게 보이는 효모에게도 사실은 성이 있으며, 알파 인자, A인자라는 것에 의해 생식이 지배되고 있다. 즉, 알파 인자를 갖는 효모끼리나 A인자를 갖는 효모끼리는 접합하지 않고, 알파 인자의 효모와 A인자의 효모만 접합한다.

이런 접합 대신 서로 먼 효모끼리 세포 융합시키는 기술이 개발되어 새로운 성질을 가진 효모가 탄생하였다.

먼저, 지몰라제(zymolyase)라는 효모용의 세포벽 분해 효소로 효모를 프로토플라스트화한다. 그리고 식물 프로토플라스트를 융합시키는 PEG를 사용하여 융합시키게 된다.

그 결과, 지금까지 교배하지 못했던 효모끼리의 조합도 융합으로 새로운 유전자를 도입할 수 있게 되었다.

이렇게 하여 생긴 새로운 성질의 효모를 사용하여 지금까지와는 한층 다른 새로운 술이 일본에서 탄생하였다.

그림 6-13 | 여러 가지 모양의 효모

도쿄농대(東京農大)와 사이타마(濟玉)현 주조 조합이 개발한 청주 '가오리(향)'는 긴죠슈(時體酒) 못지않은 방향을 가지고 있으면서도 그 값이 싸기 때문에 매우 인기가 높은 상품이 되었다. 이 술은 방향을 내는 능력이 강한 효모와 알코올 생산 능력 이 강한 효모를 세포 융합하여 만든 효모로 만들었다.

북쪽 호마레주조(養酒造)의 '모모코'나 일본 청주사의 '천세학 도색주(千歲鶴桃色酒)'는 복숭아색 술이라는 색다른 상품이다. 이 복숭아색 술은 빨간색 색소를 내는 변이 효모와 킬러 효모(killer yeast)를 세포 융합하여 양쪽의 성질을 갖게 된 효모를 사용하고 있다.

킬러 효모란 자신 이외의 효모를 분비성인 킬러 단백질로 죽여 버리는, 문자 그대로 '킬러'이다.

어째서 이러한 살인자가 필요한가 하면 알코올 발효에서는 잡균의 혼입에 특히 주의해야 하기 때문이다. 즉, 잡균이나 다른 효모가 들어가면 향기가 매우 떨어지고, 악취를 내거나 산패하게 된다. 그래서 알코올 발효 전 과정에서 엄밀한 멸균이 필요하다.

킬러 효모는 여기에 매우 적합한 성질을 갖고 있다. 우량성질을 갖는 효모에 킬러 효모를 융합하여 킬러의 성질을 부여하면 발효 중에 다른 효소의 증식을 방지하는 데 매우 편리하다.

세포 융합으로 만든 효모나 곰팡이에 의한 신종의 알코올 음료는 더 있다.

교와(協和) 발효에서는 독일산 와인 효모와 일본의 청주 효모를 융합하여 양쪽 향기를 살린 '바이오와인'을 발매하고 있다. 또, 소주의 세계에도 니시키나다(錦灘) 주조의 '뎅카라몬'은 황국균(노랑색 곰팡이)과 백국균(흰곰팡이)을 세포 융합시킨 새로운 균이 주체가 되어 있다. 유명한 명주인 오쿠라(大倉)주조의 '겟 케이칸(전桂冠)'의 생주(生酒)도 세포 융합으로 육종한 새로운 국균을 사용하고 있다.

앞으로는 더 진기한 술이나 명주가 효모, 곰팡이의 세포 융합이나 유전자 조작으로 잉태될 것이다. 그중에는 샴페인과 같이 일세를 풍미할 것도 나타날지 모른다.

특히, 효모는 세포 융합 외에 대장균 사이의 셔틀 벡터 (Shuttle Vector, 효모, 대장균 양쪽에 사용할 수 있는 벡터)도 개발되어 발전의 가능성이 크다. 애주가들도 바이오테크놀로지를 실감할 수 있는 시대가 된 것이다.

바이러스는 어찌 해 볼 재간이 없다

들이나 밭에 가면 잎이 일그러지거나 모자이크 모양이나 줄무늬 모양의 반점이 있는 식물을 볼 수 있다. 이들은 식물 바이러스가 감염된 경우가 많다.

바이러스 병에 대해서는 역사적으로는 고켄(孝謙) 천황이 752년에 만엽집 중에서 읊은 담뱃잎말이 바이러스가 일으키는 등골나물의 황화(黃化) 증상이 가장 오래된 기록이다. 유럽에서는 1576년, 레쿨르스

(Reklus)가 꽃잎에 반점을 생기게 하는 튤립 모자이크병에 대해 기록하고 있었다. 당시, 튤립 꽃에 반점이 들어 있는 것은 매우 귀중하게 여겨졌다 한다. 그리고, 현재 알려진 식물 바이러스는 600종에 이르며 그 피해는 막대하다.

그런데도 바이러스에 대한 효과적인 농약을 아직 발견되지 못하고, 대책이란 건 겨우 바이러스의 감염이 퍼지지 않도록 방지하는 것뿐이다. 그러나 바이러스는 벌레를 통해 전염되는 것과 흙을 통해 전염되는 것이 있어서 감염 경로를 차단하는 것은 매우 어렵다.

그래서 바이러스 병에 걸린 식물을 발견하면 감염의 경로가 되는 식물이나 기구를 빨리 제거하거나 소독해야 한다. 그러나 이 방어 조치는 불완전하고 손도 많이 간다.

지금까지 바이러스에 대한 대책으로서는 주로 이런 방법 외에 야생종의 내성 유전자를 육종적으로 재배종에 도입하여 저항성 품종을 만드는 일이었다.

예로서 토마토가 갖는 바이러스 저항성 유전자 Tm-1, Tm-2는 각기 토마토의 야생주 허수탐(L. hirsutum), 페루비 아남(L. peruvianum)에서 도입된 것이다.

이들 바이러스의 저항성 유전자의 발현 방법은 일반적으로 과민한 반응이다. 바이러스가 식물체에 침입하면 침입 부위 부근의 세포가 괴사하여 바이러스가 다른 세포로 전파되는 것을 방지한다. 즉, 희생되어 죽은 조직이 침입한 바이러스를 둘러싸 꼭 막아 버리는 방법이다.

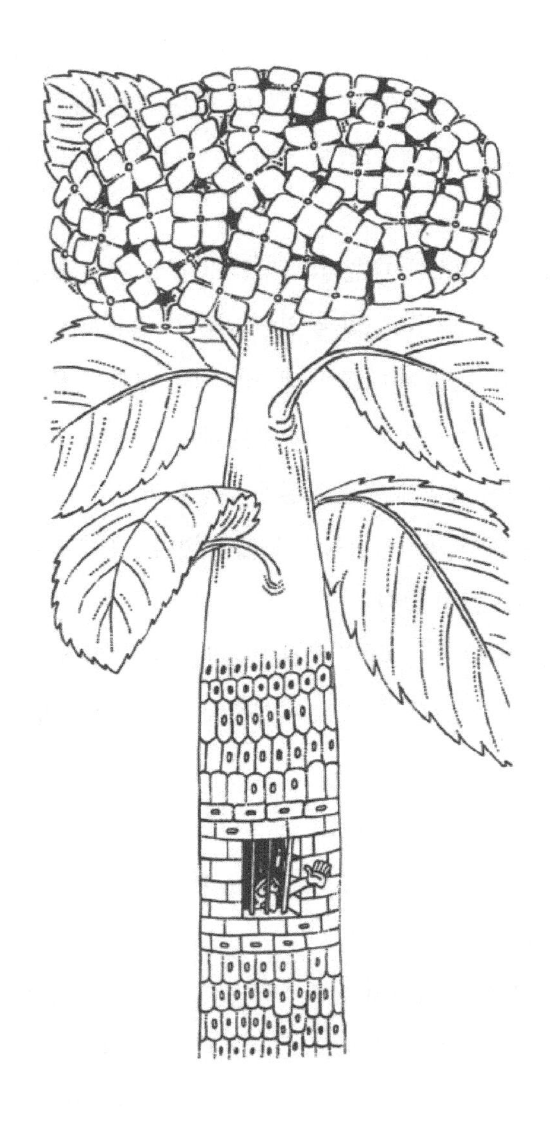

죽은 세포가 바이러스를 가둔다

또, 바이러스의 증식을 어느 정도 허락하나 그다지 심한 증상을 나타내지 않는 것도 있다. 이를 과민반응에 의한 저항성과 구별하여 톨러런스(tolerance, 관형형)라 한다.

바이러스에 대한 또 하나의 대책으로 바이러스에 전혀 걸리지 않은 식물을 자연에서 골라서 기르거나, 조직 배양하여 만드는 방법도 있다. 예로서, 감자는 농가에 배포하기 전 격리된 원종 농장에서 바이러스에 감염되지 않은 원종을 육성하여 그것을 지역 시험장에 보내 농가에 보급한다.

그러나, 주의 저항성 인자를 도입한다는 육종법에서도 모든 바이러스에 완전한 내성을 가진 품종을 만드는 것은 어렵고, 바이러스에 감염되지 않은 식물을 만들어도 대를 거듭하는 중에 결국 바이러스에 감염되고 만다. 그러므로, 이들 방법에는 한계가 있다. 그래서 전혀 다른 방법으로 약한 독을 가진 바이러스를 이용하려고 하고 있다.

식물에 '백신' 접종

예로부터 한 바이러스에 걸리면 다른 유사 바이러스에는 걸리지 않는다고 알려져 있었다.

이 현상을 두 번째 바이러스 감염을 방해한다고 하여 '간섭작용'이라 하며, 외견상으로는 동물의 면역작용과 상당히 비슷하다. 그러나 식물은 면역에 필요한 단백질을 갖고 있지 않기 때문에 겉으로는 비슷하여도 전혀 다른 기구이다.

약독 바이러스란 감염되어도 병의 증상이 거의 나타나지 않는 바이러스를 말하며, 작물에 약독 바이러스를 인위적으로 접종시켜 놓으면 야생의 강독 바이러스에는 감염되지 않는다. 즉 백신과 같은 것이다.

20세기 중순쯤 영국의 홈즈(F. O. Holmes)는 약독 바이러스를 인공적으로 만드는 방법을 생각하였다. 그리고, 그에 따라 실용적인 약독 바이러스를 만들어 낸 것은 일본의 오지마(犬島信行) 이다.

1963년, 홋카이도(北海道) 농업 시험장에 있던 오지마는 토마토 모자이크 바이러스(ToMV. 이는 TMV_담배 모자이크 바이러스의 일종이다)의 일종인, TMV(L주를 고온처리로 변이를 일으켜 약독 바이러스주인 TMV-L11주)를 만들었다. 또, 오지마는 고토(後菌)와 함께 LU주에 토마토와 담배의 국부병반(局部病斑)을 반복 경험시켜 더 안정한 L11A주를 선발하였다. 이 약독 바이러스 L11A주는 유전적으로 매우 안정하며, 야생형의 강독 바이러스에 대한 '선조로 되돌아가기'를 일으키지 않는 우수한 것이었다.

오지마와 고토가 만든 L11주는 20년 이상 지난 지금도 토마토 재배 농가의 소중한 보물이 되어 있다.

최근, 농수산성 생물자원 연구소의 니시구치(西□ 正通)가 약독 바이러스의 염기 배열을 조사한 결과, 약독 바이러스의 외피 단백질을 구성하는 아미노산 중 겨우 세 개만 야생주와 다른 것으로 나타났다.

현재, '바이러스의 간섭작용을 일으키는 실체가 무엇인가', '바이러스 전체가 필요한가, 아니면 바이러스의 RNA, 또는 단백질만으로 충분한가'는 밝혀져 있지 않다. 그러나 어쨌든 바이러스의 외피 단백질이 간섭작용에 중요한 역할을 하고 있는 것은 사실이다.

미국의 셔우드와 풀톤(Sherwood & Fulton)의 실험에 의하면 바이러스 입자 전체를 접종한 경우와 바이러스의 RNA를 접종한 경우, 간섭작용에 차이가 나타났다.

즉, 두 번째 감염시키려는 바이러스(이를 Challenger Virus, 즉 도전자 바이러스라 한다)가 완전한 바이러스 입자의 형으로 감염하는 경우는 간섭작용이 일어나 증식이 억제되었다. 이에 대해 RNA형으로 감염시키면 간섭작용이 나타나지 않았다.

셔우드는 감염한 도전자 바이러스의 탈외피(외피 단백질이 바이러스 RNA에서 유리하는 것)가 선주자 바이러스의 외피 단백질에 의해 저해되기 때문에, 도전자 바이러스의 RNA의 유전 정보가 발현될 수 없게 되어 증식이 억제되는 것으로 해석하였다.

탈외피에 의한 저해라는 생각은 윌슨(Wilson)의 실험에서도 입증되었다. 윌슨은 시험관 내에서 TMV 입자에 외피 단백질을 가해 탈외피가 억제되는 결과를 얻었다. 이런 지식의 축적으로 외피 단백질을 식물 내에서 대량으로 발현시키면 도전자 바이러스의 감염을 방어할 수 있을 것으로 생각하는 그룹이 나타났다.

바이러스병에 걸리지 않는 식물이 만들어졌다

영국 식물 육종학 연구소의 베반(M. W. Bevan) 등이 그에 대해 처음 실험하였다. 베반 등은 TMV의 외피 단백질에 프로모터를 붙여 담배에 도입하려 한 결과, 그들의 실험에서는 간섭이 일어나지 않았다.

다음에는 미국 워싱턴대학의 비치 등이 당시 최강의 벡터를 가지고 있던 몬산트사와 함께 같은 실험을 하였다. 비치 등은 강한 발현력이 있는 벡터를 사용하기도 하여 기대한 바와 같은 결과를 내었다. 즉, 형질 전환한 식물은 도전자 바이러스에 대해 간섭작용을 나타낸 것이다.

비치 등의 실험에서 무처리 식물은 바이러스에 침범당하나 형질 전환한 식물은 원기 왕성하게 자랐다.

이들의 성공은 다른 바이러스를 연구하고 있는 그룹을 자극하여 많은 바이러스에 대해 실험 결과가 나오게 되었다.

일본에서도 같은 방법으로 오이 모자이크 바이러스(CMV)에 대한 저항성 식물이 만들어지고 있다(그림 6-14).

외피 단백질의 도입뿐 아니라, 더 대담하게 약독 바이러스 전체를 벡터에 조합하여 넣어 식물에 도입하는 실험도 이루어졌다. 기린 맥주(주)의 야마야(山谷 純) 등은 TMV 약독주 L11A의 전 cDNA를 담배에 도입하여, 약독 바이러스를 접종한 결과와 마찬가지 효과가 나타나는 결과를 얻었다.

이런 형질 전환 식물은 하나하나 약독 바이러스를 바를 필요가 없어

그림 6-14 | 식물의 외피 단백질을 넣은 트랜스제닉 담배(오른쪽)는 보통 담배(왼쪽)보다 병의 증상이 가볍다(植王研, 早川孝康 제공).

진다. 거기다 간섭작용도 외피 단백질만을 도입하는 것보다 강해지는 장점이 있다.

그러나 약독 바이러스를 사용하는 방법의 단점은 시간이 지나면 약독주가 강독주로 변화하거나 숙주 식물이 다르면 약독 바이러스도 강독성이 되며, 야외에서와 같이 여러 바이러스가 중 복 감염하는 경우에는 약독주가 다른 바이러스의 증식을 도울 가능성도 있다는 점이다.

그렇다고 약독 바이러스의 응용에 대해 비관적일 필요는 없다. 유전자 조작을 이용하여 간섭작용만 일으키고, 병의 증상은 전혀 일으키지 않는 약독 바이러스를 충분히 만들 수 있다. 간섭작용을 일으키는 부분의 바이러스 유전자만 식물에 도입할 수 있으면 매우 가능성이 큰 것은 확실하다.

일본은 약독 바이러스의 응용에 일찍부터 손대고 있고, 경험도 풍부하다. 이 분야에서도 좋은 성과를 기대하고 있다.

'똬리' RNA도 사용할 수 있다

한편, 외피 단백질이 아니고 새틀라이트 RNA(Satellite RNA)의 cDNA(상보 DNA)를 식물에 도입하여 저항성을 획득하는 방법도 있다. 새틀라이트 RNA란 해당 바이러스에게 중요한 게놈 외의 똬리 같은 작은 RNA로 바이러스의 증식에는 직접 필요가 없다.

새틀라이트 RNA는 바이러스의 증식에 필수적이지는 않으나 바이러스의 증식이나 병의 발현에 일종의 영향을 주는 것으로 알려졌다.

그러나 감염하는 식물 종에 따라서 같은 새틀라이트 RNA라도 병을 강하게 하거나 약하게 하기 때문에 기구가 상당히 복잡하다.

만약, 병 전반을 약하게 하는 새틀라이트 RNA가 있다면 그 cDNA를 식물에 도입하면 어떤 결과를 나타내는가, 강독 바이러스에 감염되었을 때 병을 가볍게 하는 것은 없을까.

이런 생각에 따라 영국의 식물육종 연구소의 바울캄(D. C. Baulcombe)과 베반은 CMV의 약독성 새틀라이트 RNA를 골라 그 cDNA를 담배에 도입하려고 실험하였다.

새틀라이트 RNA 복제 도중에 RNA 여러 개가 연결된 형으로 증식하여, 마지막으로 한 개씩의 RNA가 되도록 봉제 양식을 취한다. 바울캄은 이 기구를 이용하여 두 개로 연결된 새틀라이트 RNA의 cDNA를 벡터로 담배에 도입하였다.

이 경우도 외피 단백질의 발현과 마찬가지로 역시 강독 바이러스에 대해 저항성을 가진 식물이 얻어졌다. 이 식물은 외부에서 바이러스가 감염하면 바이러스의 게놈 증식 능력을 이용하여 새 틀라이트 RNA가 한꺼번에 증가한다. 그리고 늘어난 새틀라이트 RNA는 반대로 침입 바이러스의 증식을 억제하여 병의 증세 발현을 억제한다.

이 방법의 특징은 침입한 바이러스가 세균에서 나갈 때 새틀라이트 RNA를 함께 바이러스 입자에 끼워 넣어 버리는 점이다. 그 때문에 많은 경우 강독형 바이러스도 약독화하여 다른 작물에 대한 피해를 억제할 수 있다.

그러나 이와 같이 보기에 신통한 방법도 사실은 함정이 있다.

그것은 약독 바이러스의 경우와 마찬가지로 약독성 새틀라이트 RNA도 숙주식물이 변하면 강독화하는 일이 자주 있기 때문이다. 식물에 광범위한 약동성을 나타내는 새틀라이트 RNA도 그런 위험성은 상당히 있다. 일본에서 가장 피해가 큰 CMV에도 그런 새틀라이트 RNA가 알려져 있다.

그래서 바울캄 등은 약독성을 가진 채 전파성을 없애는 새틀라이트

RNA를 인공적으로 만드는 실험을 계속하고 있다. 좋은 결과가 얻어지면 적어도 대상 작물만은 바이러스 저항성으로 형질 전환할 수 있다.

이같이 최근 들어 외피 단백질의 도입이나 새틀라이트 RNA의 도입 등 유전자 조작의 힘을 빌려 인위적으로 바이러스 저항성의 식물을 만드는 일이 적극적으로 시도됐다. 그중 일부는 매우 가까운 시일 내에 실용화될 가능성이 크다.

또, 식물의 형질 전환 외에도 약독 바이러스의 개발이나 바이러스 RNA의 cDNA를 이용한 병 걸린 식물의 검출 등 응용범위가 점차 넓어지고 있다.

앞으로는 혼합 백신과 같이 수종류의 외피 단백질을 조합하여 넣거나 몇 가지 방법을 조합시켜서 모든 바이러스에 저항성이 있는 궁극의 저항성 식물이 얻어질 수도 있다. 이런 시험이 성공하게 되면 유효한 농약이 없는 바이러스 병에 한 줄기 서광을 비추게 된다.

농약은 그만!

마지막으로, 매우 중요한 문제가 남아 있다. 농약이다.

제초제는 문자대로 잡초를 구제하기 위한 농약이다. 베트남 전쟁에서 '고엽 작전'으로 유명하게 된 생물병기인 약제 245T도 제초제의 일종이다.

매우 비참했던 전쟁으로, 미군에 의해 정글에 뿌려진 245T는 매우 심각한 생물학적 후유증을 가져왔다.

이 제초제는 초목뿐 아니고 동물이나 인체에까지 작용하여, 고엽 작전 뒤 기형아가 많이 출생하는 등 무서운 현상이 일어났다. 245T의 제조 중에 혼입되는 맹독성 이성체 디옥신(dioxine)은 탈리도마이드(thalidomide, 수면제의 일종)의 100만 배나 되는 최기(기형을 일으킴) 작용을 갖는다. 최근에도 머리와 몸체 부분이 둘이고 다리가 하나인 쌍둥이가 태어나 일본으로 분리 수술을 받으러 왔던 것은 기억에 새롭다.

이와 같이, 제초제는 사용 방법이 잘못되면 무서운 결과를 나타내는 약이다. 그러나 근대 농업에서는 없어서는 안 되는 것이 농약인 점도 사실이다. 농가는 모처럼 애써서 준 비료를 잡초에 게 뺏기지 않으려고, 또 수확 시 잡초나 독초가 섞이지 않도록 이들 제초제를 자주 사용하게 되었다.

제초제는 예전에는 값이 싼 유기수은제나 유기인제가 주류였으나, 이들은 인체에도 위해를 일으키는 위험한 약제이다.

그래서 최근에는 동물이나 인체에 해를 주는 농약을 경원시하여 무농약이라고는 할 수 없으나 해가 적은 농약으로 바꾸려는 움직임이 일고 있다. 그 결과, 식물 특유의 대사계를 어지럽히는 약제가 개발되어 현재 제초제의 주축이 되고 있다.

그중 하나가 라운드 업(round up)이다.

근대적 농약 내성식물

미국 몬산트사가 제조하는 라운드 업이라는 제초제는 사람에게는 작용하지 않는 근대적 제초제로서 성가를 드높였다. 또 토양세균이 바로 분해하기 때문에 잔류성이 낮은 점에서도 우수한 것으로 알려졌다.

라운드 업의 주성분은 글리포제트(glyphosate)라는 화합물이다.

글리포제트는 식물에만 존재하는 시키미산(shikimate) 대사 경로에 작용한다. 시키미산은 붓순나무 열매에서 추출된, 식물에 게 중요한 방향족 아미노산의 전구물질이다. 시키미산을 경유하는 경로 도중에 EPSP 합성 효소라는 효소가 있다. 이 효소가 글리포제트의 표적이 된다.

EPSP는 식물에만 존재하고 동물이나 사람에게는 존재하지 않기 때문에 글리포제트는 이론상으로는 인체에 무해하다.

글리포제트제의 제초제가 이 효소의 활성을 억제하면 식물에 시키미산이 축적되어 방향족 아미노산이 결핍된 상태가 된다. 그 결과, 아미노산으로부터의 단백질 합성이 저해되고, 그에 따라 식물은 말라 죽고 만다.

Ti 플라스미드를 비롯한 식물의 벡터계가 확립되자 유용한 유전자를 농작물에 도입하려는 움직임이 한꺼번에 일었다. 그 첫 번째가 제초제 내성 유전자의 도입이다. 즉 제초제에 강한 유용 작물을 만들어 내려는 것이다. 특히 라운드 업을 제조, 시판하고 있는 몬산트사는 이런 일에 심혈을 기울이고 있다. 그 외에 미국의 유력한 벤처기업 칼진사나 스위스 치바가이기사 벨기에의 플랜트제네틱시스템(Plant Genetic System)사도 제초제 내성 식물 만들기에 매우 열심이다.

그중에서 앞장서서 제초제 내성 식물을 만든 곳은 칼진사이다. 칼진사의 연구진은 쥐의 티푸스균에서 라운드 업 내성의 효소를 가장 처음 발견한다.

티푸스균의 EPSP 합성 효소의 유전자가 돌연변이를 일으켜, 우연히 글리포제트 저항성을 가지게 된 것이다.

그들은 이 돌연변이 유전자를 강력한 프로모터에 연결하여 담배와 토마토 등의 식물에 도입하여 보았다. 그 결과, 예상대로 글리포제트 저항성이 확인되었다.

제초제를 뿌리고 나서 씨를 파종해도, 시간이 오래 지나면 반드시 잡초가 생긴다. 그런 경우 작물이 제초제에 내성이 있으면 잡초만 구제되기 때문에 작물이 크는 중에도 제초제가 사용될 수 있다.

몬산트사는 칼진사와 별도로 EPSP 효소 유전자의 수를 늘리는 방법을 썼다. EPSP 효소 유전자를 과잉으로 도입하여 효소의 발현량을 늘리면 역시 해당 식물은 라운드 업에 대해 내성이 될 것이다. 실험 결과는 예상대로였다.

현재, 몬산트사 그룹에서는 내성인 효소와 정상인 효소 양쪽 유전자를 도입하여 글리포제트 저항성이 된 담배, 토마토, 목화 등을 계속 만들고 있다. 이런 입장에서 제초제 내성의 식물이 일반 시장에 나오는 것은 이미 시간문제라 할 수 있다.

제초제에 강한 토마토

또 하나의 내성 식물

라운드 업과 함께 근대적 제초제를 대표하는 것 중에 아트라진(atrazine)이라는 것이 있다. 이는 스위스의 대 제약회사 치바 가이기사가 중심이 되어 제조 및 판매하고 있다.

아트라진은 엽록체에 있는 광합성의 전자전달계의 중요 단백질의 하나인 퀴논결합 단백질 (quinon protein)을 불활성화하여 식물을 말려 죽인다. 엽록체는 식물 특유의 세포 내 기관이기 때문에 아트라진도 역시 동물이나 인체에는 작용하지 않는다.

퀴논결합 단백질을 비롯한 광화학계 n의 효소는, 엽록체의 막에 존재하며 빛에너지를 화학에너지로 바꾸는 커다란 역할을 하고 있다. 그래서 광화학계 n의 효소가 하나라도 불활성화되면 화학적 에너지가 합성되지 않아 식물은 말라 죽게 된다.

미시건주립대학의 안첸(R. Arntzen)은 자연 돌연변이 식물에서 아트라진 내성 식물을 발견하여, 내성 효소를 자세히 조사하였다.

해석 결과, 돌연변이를 일으킨 효소도 역시 퀴논결합 단백질의 아미노산이 하나 변화된 것이었다.

아트라진 내성의 식물을 만드는 데는 돌연변이를 일으킨 내성의 효소를 엽록체에 도입하지 않으면 안 된다. 그러나 돌연변이 한 퀴논을 엽록체에 갖고 들어가는 데는 묘안이 필요하다.

즉, 퀴논결합 단백질은 엽록체 DNA의 지령을 받은 mRNA에 의해 세포질에서 만들어진다.

그래서, 내성이 있는 퀴논을 벡터로 핵에 도입할 때는 특히 엽록체로 수송되는 시스템을 사용해야 한다. 여기에는 세포질에서 합성되어 엽록체로 이행하는 단백질 일부를 사용하면 좋다.

이런 단백질에는 엽록체로 이행하기 위한 시그널 펩티드(signal peptide, 선도하는 아미노산 배열)가 붙어 있다. 그래서 만 약 세포질에서 발현하는 식물의 벡터를 사용하는 경우에는 목적 유전자의 앞에 시그널 펩티드 유전자를 연결하면 좋다.

치바 가이기사는 이런 벡터를 만들어 아트라진 내성의 식물을 만들어 내었다. 이 아트라진 내성 식물도 라운드 업 내성 식물과 마찬가지로 현재 포장시험 단계에 들어가 있다.

여러 가지 묘안

인간이나 동물에 작용하지 않고 식물에 특이적으로 작용하는_ 제초제는 세 가지 형이 알려져 있다. 첫 번째는 식물 호르몬과 유사한 화합물로 식물의 성장 생리를 교환하는 것, 두 번째는 광합성과 같이 식물에만 존재하는 기구를 표적으로 하는 것이 있다.

세 번째로 필수아미노산 생합성의 저해제가 있다. 필수아미노산이란 우리 인간이나 동물이 체내에서 합성할 수 없는 아미노산으로 식물에서 섭취해야 하는 아미노산이다. 즉, 필수아미노산의 생합성 경로는 식물 특유의 것으로, 그를 저해하는 방법이 있으면 동물에 해가 없는 제초제가 얻어질 수 있다.

앞에서 말한 글리포제트에 의한 방향족 아미노산 생합성 저해도 그 중 한 예이나 최근에는 식물 특유의 글루타민 합성 효소를 저해하는 제초제가 개발되어 있다. 비알라포스(bialaphos)와 글 리포제트라는 제초제가 대표적인 것으로 글루타민 합성을 저해하여, 식물은 암모니아(글루타민의 전구체)가 과잉 축적되어 말라 죽어 버린다.

벨기에의 플랜트 제네틱시스템사는 비알라포스를 불활성화하는 미생물을 찾아 방선균의 일종인 스트렙토마이세스 하이그로 스코피쿠스에서 불활성화를 담당하는 단백질의 유전자(bar)를 발견하였다.

스트렙토마이세스류는 스트렙토마이신(streptomycin) 등 수백 가지 항생물질을 만드는 것으로 알려져 있다. 이 균은 자신 이 만든 항생물질에 당하지 않도록 항생물질의 구조 일부를 바꾸거나 분해하는 유전자를 갖고 있다. 그러므로 이 균이 비알라 포스를 분해하는 유전자를 갖고 있다고 해도 이상스러운 일이 아니다.

플랜트 제네틱 시스템사의 몬타규 등은 이 유전자를 분리하여 Ti 플라스미드 벡터에 연결하여 담배에 도입하였다. 라운드 업과 아트라진과 같이 제초제 저항성의 유전자를 도입하는 것이 아니고 제초제 자체를 불활성화하는 유전자를 식물에 도입한 것이다.

이 방법으로도 식물을 제초제 내성으로 할 수 있다. 즉, 형질 전환한 식물은 비알라포스에 내성이 된다.

이런 방법에 의한 내성 식물의 작성은 비알라포스 외에도 가능하다. 플랜트 제네틱 시스템사의 방법은 펩티드 구조를 주체로 한 제초제에 대해서는 불활성화나, 분해하는 효소만 발견하면 마찬가지로 내성 식물을 만들 수 있는 것을 나타내고 있다.

이같이 제초제에 대해 비친화성(작용하지 못함)의 저항성 유전자를 사용하는 방법과 제초제의 구조를 일부 바꾸어 불활성화하는 방법 두 가지 방법이 개발되어 대상 작물도 토마토, 유채, 감자, 사탕무, 알팔파, 포플러 등으로 확대되어 왔다.

한편 제초제도 라운드 업, 아트라진, 비알라포스 외에 설포닐 우레아(sulfonylurea, valine과 isoleucine의 생합성 저해) 브로모크시닐(bromoxynil) 등을 대상으로 한 내성 식물이 만들어 지고 있다.

이런 제초제 내성을 연구 개발하고 있는 그룹의 수는 열 손가락으로 꼽을 정도로 늘어나 각 그룹 사이의 개발 경쟁은 더욱 치열해지고 있다.

제초제 개발은 지금까지의 드럭 디자인(drug design) 외에 내성 식물의 작성이라는 새로운 바이오테크놀로지의 기술을 도입하는 방향으로 크게 변환하여 왔다고 할 수 있다.

소가 음매하고 우는 전원에서

'모든 나라에 가져다줄 수 있는 최대의 공헌은 그 나라의 농업에 유용한 식물을 만들어 내는 일이다'라고 한 미국 독립선언의 기초자 토머스 제퍼슨(T. Jefferson)의 말을 예로 들 필요까지도 없다. 농업은 국가의, 나아가서는 인간 세계의 기반이다.

농업은 지금 변모하려고 하고 있다. 그것도 지금까지와는 다른 기술, 바이오테크놀로지를 사용해서이다. 처음에는 천천히, 그리고 서서히 속도를 내어 변혁의 파도가 밀려오고 있다.

생각해 보면 세포 융합의 근간을 이루는 프로토플라스트계가 코킹이나 다케베 등에 의해 개발되고 나서 20년 이상이나 지나고 말았다.

당시 다케베 박사 등이 있던 식물 바이러스 연구소(현재 농수산성 농업 생물 자원 연구소)는 지바(千葉)의, 지바대학 의학부 앞 축산시험장의 광대한 택지를 빌려 들어 있었다. 택지 안은 밤이 되면 소가 음매하고 울 뿐으로 사람이라고는 어린애 하나 없는 전원의, 즉 자연 속의 환경이었다.

식물 바이러스 연구소는 설립 당시부터 이미 이바라키현 쓰쿠바로 이전하도록 결정되어 있었기 때문에 건물은 이층의 조립식 건물로 간소하게 만들어진 것이었다. 약품의 무게를 다는 천칭 근처를 사람이 지나가면 바늘이 움직일 정도였고, 초원 심기는 무거워서 모두 1층에 놓아 두지 않을 수 없었다. 당시로써도 결코 좋은 시설이라 할 수는 없었다.

그런 곳에서 프로토플라스트의 실험계 개발이라는, 당시 세계를 리

그림 6-15 | 사각 오렌지 (휴렛 바카드 사의 광고에서)

드하는 연구 성과가 잉태된 것이다. 그때, 연구실에는 프로토플라스트의 분리를 배우러 오는 국내외 사람의 발길이 많아서, 연구소는 비록 오지에 있었으나 연구에 활기가 있던 것으로 기억된다.

몇 년 전인가 메르허스 박사(감자와 토마토를 합쳐 포마토를 만든 사람)와 만났을 때 그는 당시를 돌아보며 '그때의 당신 연구실(다케베 연구실)은 마치 불도저 같은 힘으로 일을 밀어붙이고 있었다'라고 하는 말을 하였다. 그 말은 당시 연구실의 상황을 여실히 나타내고 있다.

당시, 필자는 아직 박사과정의 학생으로 다케베 연구실에서 형질 전환을 목적으로 한 DNA나 입자를 조합해 넣는 연구에 종사하고 있었다. 당시는 아직 벡터계가 없어서 금방 만든 프로토플라스트계를 사용하여 외래 DNA를 조합하여 넣어 형질 전환시키는 실험을 하고 있었다.

마침 그때, 배양 세포를 사용한 '형질 전환'이 보고되어 식물에 서도 형질 전환이 성공하였다고 한때 화제가 되었다. 그러나, 뒤에 그것이 모두 잘못된 것으로 판명되어 식물의 형질 전환은 다시 출발점으로 되돌아왔다.

그런 소동이 끝났을 때 해외에서 유전자 공학이 나타나기 시작, 재조합 바이러스를 만든 버그의 보고가 나왔다. 그것은 유전자 공학의 잉태를 알리는 논문이었다.

그 후 수년간 구미에서는 유전자 공학이 폭발적으로 발전하였다. 그때 해외에 있던 아는 사람으로부터 무엇인가 굉장한 기술이 나왔다고 흥분하여 쓴 편지가 왔다. 어쨌든 그런 기술이 식물 분야에도 파급되면 식물의 형질 전환이 실현될 것으로 생각하고 있었다. 실제 최근 수년간 Ti 플라스미드를 벡터로 한 식물의 유전자 공학이 확립되어, 형질 전환에 성공한 결과가 점점 많이 발표되고 있다.

그중 일부는 이미 소개하였으나 현재도 새로운 결과가 계속 탄생하고 있다. 예로서 안티센스법을 이용한 보존성이 좋은 토마토나, 면역에 관여하는 글로불린을 발현시켜서 특정 병해를 억제해 버리려는 얘기, 반대로 독소를 특정의 기관(예로서 화분)에 도입하며 그 기관을 기능하지 못하도록 하려는 얘기 등 점차 새로운 시도가 이루어지고 있다. 이들 얘기는 예전. 같으면 농담으로 웃어넘길 일이다. 이 상태로 계속 간다면 그림 6-15와 같이 운반하기 쉬운 사각 오렌지가 나올지도 모른다.

식물의 바이오테크놀로지가 그려내는 많은 가능성이 어디까지 실현될 수 있을지는 아직 모르나 그중 몇 가지는 실제로 세상에 나와서 우리를 즐겁게 해 줄 것이 틀림없을 것이다(그림 6-15).

역자 후기

최근 생명공학이 많은 사람의 관심 속에 급속도로 발전하고 있다. 그에 따라 생명현상의 이해와 노화 방지를 위한 새로운 사실들이 속속 밝혀지고 있고 동시에 유전자 재조합 기술, 세포융합과 조직 배양기술 및 핵 치환기술 등 유전공학 관련 기술들이 개발되어 의료, 식량 및 에너지, 환경문제 등에 다방면으로 응용되고 있다.

우리나라에서도 지난 80년대 초부터 유전공학의 산업적 응용에 대한 중요성이 인식되기 시작하여 많은 기술 개발이 이루어져서, 현재 관련 기술이 상당한 수준으로 축적되었고 이에 따른 새로운 상품이 개발되고 있다.

이 책은 2, 3장에 유전공학의 기초 이론이, 4, 5장에 유전공학의 주요 기술이, 그리고 마지막 6장에서는 유전공학의 산업적 응용이 식물을 중심으로 비교적 쉽게 체계적으로 해설되어 있다는 장점이 있어 번역하게 되었다. 따라서 이 책이 유전공학 관련 분야를 공부하는 학생들과 연구자뿐만 아니라 일반인들에게도 이들을 이해하는 데 도움이 될 수 있을 것으로 믿는다.

끝으로 이 번역서를 내는 데 많은 도움을 주신 전파과학사에 깊은 감사를 드린다.

1991. 1.